高等职业教育
市政工程类专业教材

职业教育国家级
专业教学资源库配套教材

总主编◎杨转运

MUNICIPAL
ENGINEERING

U0240293

市政工程施工组织与管理
（第2版）

主编 黄春蕾　李书艳　　副主编 吕念南

参编 黄利平　汪　霏　唐显枝　卢敏健　宁　波

主审 胡在军

重庆大学出版社

内容提要

本书根据全国住房和城乡建设职业教育教学指导委员会市政工程类专业指导委员会编写的《高等职业教育市政工程技术专业教学基本要求》进行编写。编写团队包括高等职业院校教师及行业、企业专家。本书在讲授理论知识的同时,附有完整的市政工程案例,并将纸质教材与数字资源有机整合,学生可扫描书中二维码实现随时随地移动学习。

本书以市政工程施工组织设计为核心,以项目管理为重点,依据现行市政工程施工及验收规范进行。全书共分为 8 个模块,内容涉及市政工程施工组织概论、市政工程施工准备工作、流水施工组织、工程网络计划技术、市政工程质量管理、市政工程职业健康安全与环境管理、单位工程施工组织设计、BIM 在施工组织管理中的运用、市政工程施工组织设计实例。

本书既可作为高职高专市政工程技术专业及相关专业教材,也可作为成人教育土建类及相关专业的教材,同时可供从事建筑工程等技术工作的人员参考。

图书在版编目(CIP)数据

市政工程施工组织与管理 / 黄春蕾,李书艳主编
. -- 2 版. -- 重庆:重庆大学出版社,2023.9
高等职业教育市政工程类专业教材
ISBN 978-7-5689-2716-1

Ⅰ.①市… Ⅱ.①黄… ②李… Ⅲ.①市政工程—工程施工—施工组织—高等职业教育—教材②市政工程—工程施工—施工管理—高等职业教育—教材 Ⅳ.①TU99

中国国家版本馆 CIP 数据核字(2023)第 199241 号

高等职业教育市政工程类专业教材
市政工程施工组织与管理
(第 2 版)

主　编:黄春蕾　李书艳
副主编:吕念南
主　审:胡在军
策划编辑:范春青
责任编辑:陈　力　版式设计:范春青
责任校对:谢　芳　责任印制:赵　晟

*

重庆大学出版社出版发行
出版人:陈晓阳
社址:重庆市沙坪坝区大学城西路 21 号
邮编:401331
电话:(023)88617190　88617185(中小学)
传真:(023)88617186　88617166
网址:http://www.cqup.com.cn
邮箱:fxk@ cqup.com.cn(营销中心)
全国新华书店经销
重庆市正前方彩色印刷有限公司印刷

*

开本:787mm×1092mm　1/16　印张:13.5　字数:305 千
2021 年 6 月第 1 版　2023 年 9 月第 2 版　2023 年 9 月第 3 次印刷
印数:4 001—7 000
ISBN 978-7-5689-2716-1　定价:39.00 元

序 言

　　伴随市政行业发展的新业态、新模式,市政项目呈现出综合化、多样化、复杂化、智能化的趋势,相关就业岗位对于复合型技术技能人才的需求日益迫切。而传统专业人才培养,缺乏与时俱进的科学标准作指引,因此,如何精准培养适应行业转型升级要求的"一人多岗、一岗多能"型人才,成为市政工程类专业发展面临的新挑战。2019 年,我们在制订国家高等职业学校市政工程技术专业教学标准时,重构了专业群模块化课程新体系,同时为了满足《教育部关于印发〈职业教育专业目录(2021)〉的通知》(教职成〔2021〕2 号)中加强长学制专业相应课程教材建设,促进中高职衔接教材、高职专科和高职本科衔接教材建设要求,更加注重市政工程类专业"中、高、本"纵向贯通以及高职专业群内的横向融通,融合岗位标准、教学标准、竞赛标准以及职业技能证书标准,构建专业群建设标准链,融入课程思政与创新教育,重构"共享、并行、互选"的模块化课程体系。

　　本套教材在编审过程中,坚持工学结合、产教融合,坚持贯彻以素质为基础、以能力为本位、以实用为主导的指导思想,培养具备本专业必需的文化基础、专业理论知识和专业技能,能满足市政工程类专业施工、监理、运行管理的技术技能型人才。按照职业教育国家级专业教学资源库和国家精品在线开放课程建设要求,教材配套了丰富的数字教学资源,市政工程类行业的"四新"技术及国内外最新技术和研究成果在教材课程中得到充分体现,突出了高等职业教育的特点。

　　党的二十大报告指出"创新是第一动力",本套教材从以下几个方面进行了创新:

　　一是教材建设合作机制创新。针对市政工程类专业优质教材的建设,将出版社纳入教材建设主体,提出了教材建设过程中高职院校、企业、出版社"三元主体"。三个主体利用各自的优势(院校的教材编写和使用、企业的教材建设目标和资源、出版社的教材编写规范性和推广),在战略、资源、项目、团队、出版层面进行合作,实现教材建设目标统一、建设和使用过程协同、优势资源循环升级的良好效果。

　　二是教材建设理念创新。在本系列教材建设中引入"资源互补、循环升级"的优质教材建设理念,用于指导市政工程类专业优质教材的建设。三个主体具有各自的优势和互补的资源,在教材内容、教材建设与使用过程、教材建设目标三个方面实现与教师能力、教法改革统筹推进的目的,打造优质教材开发和优化升级的生态环境。

　　三是教材建设模式创新。以课程教学为中心,以标准规范为起点,打造了教材、教法、教师三者在"桑基鱼塘"式循环过程中教材提质升级的良性生态,形成了"三教"统筹推进的优质教材建设模式。教师团队通过编写市政工程类技术标准、职业标准等工作,提升教材编写的能力。教师将标准规范和工程案例融为课堂教学的优质资源,强化了教师开发教材的能力,课程教材引导教师采用适宜教法。实践能力提升后的教师通过课程教学和教学竞赛,促进了专业教材内容和形式的进一步更新和升级。

　　本套教材的编写工作是在川渝建设职教联盟的支持和指导下完成的,邀请了多所国省"双高计划"院校常年从事市政工程类专业教学、研究和工程实践的专家担任主编和主审,同时吸收成都建工集团等企业具有丰富实践的一线工程技术人员及优秀中青年教师参加编写。系列教材的出版凝聚了全国职业院校市政工程类专业同行的心血,也是他们多年来教研成果的凝练总结。在此向全体参与编写、审稿的专家、教师们致以崇高的敬意,对大力支持这套教材出版的重庆大学出版社表示衷心的感谢。

　　此套教材出版之际,正值国家颁布《中华人民共和国职业教育法》,职业教育将迎来了前所未有的发展机遇。趁着职教改革春风,相信这套教材的出版,将对市政工程技术教育事业的高质量发展起到积极的推动作用。

　　　　　　　《高等职业学校市政工程技术专业教学标准》编制组组长

　　　　　　　总主编　杨转运

第2版前言

本书是市政工程技术专业国家教育教学资源库的配套教材。本次再版紧扣党的二十大精神和国家战略,依照全国住房和城乡建设职业教育教学指导委员会市政类专业指导委员会制定的最新教学标准进行修订完善。

党的二十大报告指出:"教育、科技、人才是全面建设社会主义现代化国家的基础性、战略性支撑。"本次修订充分吸收了新的市政工程施工案例、规范和标准,增加了近几年国家"双高建设"和国家教育教学资源库的成果,融入了社会主义核心价值观,坚持知识传授和价值引领相结合,将思政元素融入教材中。

本次再版主要在以下几个方面做了修订完善:一是基于立德树人,以习近平新时代中国特色社会主义思想为理论指导,融入社会主义核心价值观,坚持知识传授和价值引领相结合,将思政元素贯穿于教材全过程;二是对接市政工程施工管理岗位,以模块化的形式引导任务实施;三是增加了新的工程实例和实操练习;四是将施工管理软件更新为 BIM 相关的应用型软件;五是开发了平面动画、三维、知识点视频、教学视频等教学信息化配套资源,通过知识链接,满足学习者线上、线下学习。

本次再版得到了重庆市"双高计划"高水平专业群建设项目资助,编写团队由重庆市职业教育教师教学创新团队和市政工程技术市级骨干专业核心成员及合作企业专家组成,重庆建筑工程职业学院黄春蕾和辽宁城市建设职业技术学院李书艳任主编,重庆建筑工程职业学院吕念南任副主编,重庆公用建设事业有限公司总工程师胡在军担任主审。具体分工为:第 1、2、3、4 章由黄春蕾修订;第 5 章由重庆建筑工程职业学院汪霏修订;第 6 章由重庆建筑工程职业学院吕念南修订;第 7 章由重庆工程职业技术学院唐显枝修订;第 8 章由重庆金科建筑设计研究院有限公司卢敏健修订;课程资源建设由辽宁城市建设职业技术学院李书艳、宁波负责;课程思政元素打磨由重庆建筑工程职业学院黄利平负责。全书由黄春蕾统稿、修改并定稿。

本书在编写中,参考了许多专家的有关书籍和资料,在此表示感谢!由于修订的时间仓促,编者水平有限,书中难免存在不足之处,敬请读者批评指正。

编　者

2023 年 9 月

第1版前言

  本书根据全国住房和城乡建设职业教育教学指导委员会市政工程类专业指导委员会制订的课程标准,由重庆建筑工程职业学院、辽宁城市建设职业技术学院与重庆公用建设事业有限公司合作共同编写而成。

  针对本课程综合性和实践性较强的特点,本书结合了当前高职教育新的人才培养理念和施工组织管理新知识,并吸收了重庆公用建设事业有限公司等企业在市政工程管理中的经验,对原有的课程体系进行了梳理和整合,更注重实用性和可操作性,知识体系更具系统性和完整性。

  本书由重庆建筑工程职业学院黄春蕾和辽宁城市建设职业技术学院李书艳主编,重庆公用建设事业有限公司总工程师胡在军主审。具体的编写分工:第1、2、3、4章由黄春蕾编写;第5、6章由重庆建筑工程职业学院季翠华编写;第7章由重庆工程学院朱曲平编写;第8章由重庆金科建筑设计研究院有限公司卢敏健编写;课程资源建设由辽宁城市建设职业技术学院李书艳、宁波负责。全书由黄春蕾统稿、修改并定稿。本书在编写过程中,参考了许多专家的相关书籍和资料,在此表示衷心的感谢!

编 者

2020 年 8 月

目 录

模块 1　市政工程施工组织基本知识

某市政工程项目由城市道路、城市综合管网等组成,该项目于 2018 年 6 月开工,2020 年 4 月竣工。请问:该项目如何进行组织管理?

任务 1　认识市政工程项目及相关程序

任务目标:

1. 了解市政工程项目的概念。

2. 熟悉市政工程项目的建设程序。

3. 掌握市政工程的施工程序。

知识模块:

党的二十大报告强调推动绿色发展,促进人与自然和谐共生。这呼唤市政工程从业者需要具有社会责任感,将市政建设与人民福祉紧密联系,践行"人民城市为人民"的理念,将注重生态文明建设、环保理念贯穿整个施工过程,将技术能力用于城市建设,提高城市品质。党的二十大报告强调加快建设法治社会,推进文化自信自强。在市政工程施工组织中要遵循法律法规,注重文化保护,做到合法合规施工,传承城市文脉,增进民生福祉,提高人民生活品质。市政工程施工组织成功的关键在于从业者,从业者要牢固树立"劳动最光荣、劳动最崇高、劳动最伟大、劳动最美丽"的观念,恪守职业道德,厚植家国情怀,踏实劳动、勤勉工作,在平凡岗位上也能干出不平凡的业绩。

1. 市政工程项目的概念

1)项目

在一定的约束条件下(资源条件、时间条件),具有明确目标的、有组织的一次性活动或任务。

项目具有下述特点。

(1)一次性

一次性又称项目的单件性,每个项目都具有与其他项目不同的特点,即没有完全相同的项目。

（2）目标的明确性

项目必须按合同约定在规定的时间和预算造价内完成符合质量标准的工作任务。没有明确目标就称不上项目。

（3）整体性

项目是一个整体，在协调组织活动和配置生产要素时，必须考虑其整体需要，以提高项目的整体优化。

2）市政工程项目

市政工程项目是指为完成依法立项的新建、改建、扩建的各类城市基础设施而进行的，在一定的约束条件下（资源、时间、质量）具有完整组织机构和明确目标的一次性建设工作或任务。它具有庞大性、固定性、多样性、持久性等特点。图1.1所示为北京市政工程立交桥绿化，图1.2所示为重庆市盘龙立交桥。

图1.1　北京市政工程立交桥绿化

图1.2　重庆市盘龙立交桥

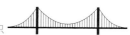

2. 市政工程项目的组成

市政工程项目按其构成的大小可分为单项工程、单位工程、分部工程、分项工程和检验批。

1) 单项工程

单项工程是指具有独立设计文件,能独立组织施工,竣工后可以独立发挥生产能力和经济效益的工程,又称为工程项目。一个市政工程项目可以由一个或几个单项工程组成。例如市政工程中的道路、立交、广场等均为单项工程。

2) 单位工程

单位工程是指具有单独设计文件,可以独立施工,但竣工后一般不能独立发挥生产能力和经济效益的工程。一个单项工程通常由若干个单位工程组成。例如,城市道路工程通常由道路工程、管道安装工程、设备安装工程等单位工程组成。

3) 分部工程

分部工程一般是按单位工程的部位、专业性质来划分的,是单位工程的进一步分解。例如道路工程又可分为道路路基、道路基层、道路面层、人行道等分部工程。

4) 分项工程

分项工程是分部工程的组成部分,一般是按分部工程的施工方法、施工材料、结构构件的规格等不同因素划分的,用简单的施工过程就能完成。例如道路路基工程可划分为土方路基、石方路基、路基处理、路肩等分项工程。

5) 检验批

分项工程可由一个或若干个检验批组成,检验批可根据施工及质量控制和专业验收需要按施工段、变形缝等进行划分。

3. 市政工程项目的建设程序

建设程序是指项目从设想、选择、评估、决策、设计、施工到竣工验收、投入生产整个建设过程中,各项工作必须遵循的先后次序的法则。

目前我国基本建设程序的内容和步骤:决策阶段主要包括编制项目建议书、可行性研究报告;实施阶段包括设计前的准备阶段、设计阶段、施工阶段、动用前准备和保修阶段;项目后评价阶段。

4. 市政工程的施工程序

施工程序是指项目承包人从承接工程业务到工程竣工验收一系列工作必须遵循的先后顺序,是市政工程建设程序中的一个阶段。

1)投标与签订合同阶段

建设单位对建设项目进行设计和建设准备,在具备了招标条件后,便发出招标公告或邀请函。施工单位见到招标公告或邀请函后,作出投标决策至中标签约。本阶段的最终目标是签订工程承包合同,主要进行下述工作。

①施工企业从经营战略的高度作出是否投标的决策。

②决定投标以后,从多方面(企业自身、相关单位、市场、现场等)收集信息。

③编制既能使企业赢利、又有竞争力的标书。

④如果中标,则与招标方谈判,依法签订工程承包合同,使合同符合国家法律、法规和国家计划的规定,并符合平等互利原则。

2)施工准备阶段

签订施工合同后,应组建项目经理部。以项目经理为主,与企业管理层、建设(监理)单位配合,进行施工准备,使工程具备开工和连续施工的基本条件。本阶段主要进行下述工作。

①组建项目经理部,根据需要建立机构,配备管理人员。

②编制项目管理实施规划,指导施工项目管理活动。

③进行施工现场准备,使现场具备施工条件。

④提出开工报告,等待批准开工。

3)施工阶段

施工过程是施工程序中的主要阶段,应从施工的全局出发,按照施工组织设计,精心组织施工,加强各单位、各部门的配合与协作,协调解决各方面的问题,使施工顺利开展。本阶段主要进行的工作如下所述。

①在施工中努力做好动态控制工作,保证目标任务的实现。

②管理好施工现场,实行文明施工。

③严格履行施工合同,协调好内外关系,管理好合同变更及索赔。

④做好记录、协调、检查、分析工作。

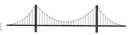

4）验收、交工与决算阶段

验收、交工与决算阶段称为"结束阶段"，与建设项目的竣工验收阶段同步进行。其目标对内是对成果进行总结、评价，对外是结清债权债务，结束交易关系。本阶段主要进行下述工作。

①工程结尾。

②进行试运转。

③接受正式验收。

④整理、移交竣工文件，进行工程款结算，总结工作，编制竣工总结报告。

⑤办理工程交付手续。

任务2　市政工程及施工的特点

任务目标：

1.了解市政工程的特点。

2.熟悉市政工程施工的特点。

知识模块：

市政工程多种多样，但归纳起来有体积庞大、整体难分、不能移动等特点。只有对市政工程及其施工特点进行研究，才能更好地组织市政工程施工，保证工程质量。图1.3所示为重庆朝天门长江大桥。

图1.3　重庆朝天门长江大桥

1.市政工程的特点

1）固定性

市政工程项目是按照使用要求在固定地点修建，因而项目在建造中和建成后是不能移动的，如桥梁、地铁等。

2）多样性

市政工程一般是由设计和施工单位按照建设单位（业主）的委托，按特定要求进行设计和施工的。项目的功能要求多种多样，即使功能要求相同，类型相同，但地形、地质等自然条件不同以及交通运输、材料供应等社会条件不同，施工时施工组织、施工方法也存在差异。

3）庞体性

市政工程体积庞大，对城市的形象影响较大，所以在规划时必须服从城市规划的要求。

4）复杂性

市政工程在建筑风格、功能、结构构造等方面都比较复杂，其施工工序多且错综复杂。

2. 市政工程施工的特点

市政工程施工的特点是由市政工程项目自身的特点所决定的。市政工程概括起来具有下述特点。

1）施工的流动性

市政工程的固定性决定了施工时人、机、料等不但要随着建造地点的改变而改变，而且还要随施工部位的改变在不同的空间流动，这就要求有一个周密的施工组织设计，使流动的人、机、料等相互配合，做到连续、均衡施工。

2）施工的单件性

市政工程项目的多样性决定了施工的单件性，不同的甚至相同的构筑物，在不同地区、季节及施工条件下，施工准备工作、施工工艺和施工方法等也不尽相同，所以市政工程只能是单件生产，而不能按通用定型的施工方案重复生产。

这一特点就要求施工组织设计编制者考虑设计要求、工程特点、工程条件等因素，制订出可行的施工组织方案。

3）施工的长期性

市政工程的庞体性决定了其工程量大、施工周期长，故应科学地组织施工生产，优化施工工期，尽快提高投资效益。

4）施工的综合性

由于市政工程的复杂性，加上施工的流动性和单件性，受自然条件影响大，高处作业、立

体交叉作业、地下作业和临时用工多以及协作配合关系复杂等因素决定了施工组织与管理的综合性。这就要求施工组织设计要考虑全面,制订相应的技术、质量、安全、节约等保证措施,避免质量安全事故,确保安全生产。

任务 3 市政工程施工组织设计的作用与分类

任务目标:

1. 了解市政工程施工组织设计的概念及作用。

2. 熟悉市政工程施工组织设计的分类。

知识模块:

施工组织设计作为投标书或合同文件的一部分,能够指导工程投标或工程施工合同签订,并指导施工准备和工程施工的全过程。提出工程施工中的进度控制、质量控制、成本控制、安全控制、现场管理等各项生产要素管理的目标及技术组织措施。

1.施工组织设计的概念及作用

1)施工组织设计的概念

施工组织设计是规划和指导拟建工程从工程投标、签订承包合同、施工准备到竣工验收全过程的一个综合性技术经济文件,是对拟建工程在人力和物力、时间和空间、技术和组织等方面所做的全面合理的安排,是沟通工程设计与施工之间的桥梁。作为指导工程项目的全局性文件,施工组织既要体现拟建工程的设计和使用要求,又要符合建筑施工的客观规律。因此应尽量适应施工过程的复杂性和具体施工项目的特殊性,通过科学、经济、合理的规划安排,使工程项目施工能够连续、均衡、协调地进行,以满足工程项目对工期、质量、投资方面的各项要求。

2)施工组织设计的作用

施工组织设计是用以指导施工组织与管理、施工准备与实施、施工控制与协调、资源的配置与使用等全面性的技术经济文件,是对施工活动的全过程进行科学管理的重要手段。

其作用具体表现在以下方面:

①施工组织设计是规划和指导拟建工程从施工准备到竣工验收的全过程。

②施工组织设计既是施工准备工作的核心,又是做好施工准备工作的主要依据。

③施工组织设计是根据工程各种具体条件拟订的施工方案、施工顺序、劳动组织和技术组织措施等,是指导开展紧凑、有序施工活动的技术依据。

④施工组织设计可有效进行成本控制,降低生产费用,获取更多利润。

⑤施工组织设计,可将工程的设计与施工、技术与经济、施工全局性规律与局部性规律、土建施工与设备安装、各部门之间、各专业之间有机结合,统一协调。

⑥通过编制施工组织设计,可分析施工中的风险和矛盾,及时研究解决问题的对策、措施,从而提高施工的预见性,减少盲目性。

2.施工组织设计的分类

1)按编制时间分类

按编制时间的不同施工组织设计可分为两类:一类是投标前编制的施工组织设计(简称"标前设计"),另一类是签订工程承包合同后编制的施工组织设计(简称"标后设计")。两类施工组织设计的区别见表1.1。

表1.1　两类施工组织设计的区别

类型	服务范围	编制时间	编制者	主要特征	追求主要目标
标前设计	投标与签约	投标前	经营管理者	规划性	中标与经济效益
标后设计	施工准备阶段至验收阶段	签约后开工前	项目管理者	作业性	施工效率和效益

2)按编制对象分类

按编制对象的不同可分为3类:即施工组织总设计、单位工程施工组织设计和分部(分项)工程施工组织设计。

(1)施工组织总设计

施工组织总设计是以一个项目或一个工程群为编制对象,用以指导一个项目或一个工程群施工全过程的各项施工活动的技术、经济和组织的综合性文件。施工组织总设计一般是在建设项目的初步设计或扩大初步设计被批准之后,由总承包单位的总工程师负责,会同建设、设计和分包单位的工程师共同编制。

(2)单位工程施工组织设计

单位工程施工组织设计是以一个单位工程为编制对象,用以指导其施工过程的各项施工活动的局部性、指导性文件,同时也是用以直接指导单位工程的施工活动,是施工单位编制作业计划和制订季、月、旬施工计划的依据。单位工程施工组织设计是在施工图设计完成后,工程开工前,由工程项目技术负责人指导下编制。

(3)分部(分项)工程施工组织设计

分部(分项)工程施工组织设计也称分部(分项)工程施工作业指导书。它是以分部(分项)工程为编制对象,用以具体实施分部(分项)工程施工全过程的施工活动的技术、经济和组织的实施性文件。分部(分项)工程施工组织设计一般在单位工程施工组织设计确定了施工方案后,由施工单位技术员编制。

模块小结

　　本章阐释了市政工程基本建设的概念和内容,以及市政工程建设程序及其相互间关系;根据市政工程项目及其施工的特点,叙述施工组织的复杂性和编制施工组织设计的必要性;介绍了施工组织的概念、分类及作用。

思考与拓展

　　1.简述市政工程项目的特点及其施工的特点。

　　2.简述市政工程项目的组成。

　　3.市政工程的施工程序包括哪些内容?

　　4.市政工程施工组织设计具有哪些作用?

　　5.施工组织设计可分为几类? 主要包括哪些内容?

实习实作

　　1.组织学生到学校所在城市参观,让学生认识了解市政工程。

　　2.分组讨论,让学生介绍自己家乡的市政工程及其组成。

模块 2　市政工程施工准备

某工程位于××大学体育馆内。工程范围包括广场、地下管线、地面铺装、地上照明等,其中弱电部分仅考虑暗埋管。工程总工期为 75 日历天。在工程开工前需做好相应的施工准备工作。

施工准备工作是为了保证施工活动正常进行和工程顺利竣工所必需的工作。它是市政工程施工组织的重要组成部分,是施工程序中的重要环节。凡事预则立,不预则废。没有做好必要的准备就贸然施工,必然会造成现场混乱、交通阻塞、停工窝工等问题,这样不仅浪费人力、物力、时间,而且还可能酿成重大的质量事故和安全事故。因此,开工前必须做好必要的施工准备工作,研究和掌握工程特点、工程施工的进度要求,摸清工程施工的客观条件,合理地部署施工力量,从技术、组织和人力、物力等各方面为施工创造必要的条件。

任务 1　施工准备工作的内容及要求

任务目标:

1. 了解施工准备工作的意义。

2. 掌握施工准备工作的基本内容。

3. 具备对单位工程是否满足开工条件的检查能力。

知识模块:

工欲善其事,必先利其器。施工前做好准备,可以让人们清晰地定义目标和路径,从而有针对性地开展工作,更好地利用时间和资源,提高效率和成果。

1. 施工准备工作的意义

工程建设是人们创造物质财富的重要途径,是我国国民经济的主要支柱之一,总的程序是按照决策阶段、实施阶段和项目后评价 3 个阶段进行的。其中实施阶段包括设计前的准备阶段、设计阶段、施工阶段、动用前准备和保修阶段。

施工准备工作概述

施工准备工作是指施工前为了保证整个工程能够按计划顺利施工,在事前必须做好的各项准备工作,具体内容包括为施工创造必要的技术、物资、人力、现场和外部组织条件,统筹安排施工现场,以便施工得以好、快、省、安全地进行,是施工程序中的重要环节。

不管是整个的建设项目或单项工程,或者是其中的任何一个单位工程,甚至单位工程中的分部、分项工程,在开工之前,都必须进行施工准备。施工准备工作是施工阶段的一个重要环节,是施工管理的重要内容。施工准备的根本任务是为正式施工创造良好的条件。做好施工准备工作具有下述几个方面的意义。

①施工准备工作是施工企业生产经营的重要组成部分。

②施工准备工作是施工程序的重要阶段。

③做好施工准备工作可以降低施工风险。

④做好施工准备工作可以加快施工进度,提高工程质量,节约资金和材料,从而提高经济效益。

⑤做好施工准备工作,可以调动各方面的积极因素,合理地组织人力、物力。

⑥做好施工准备工作,是施工顺利进行和工程圆满完成的重要保证。

实践证明,施工准备得充分与否,将直接影响后续施工全过程。重视和积极做好准备工作,可为项目的顺利进行创造条件,反之,忽视施工准备工作,必然会给后续的施工带来麻烦和损失,以致造成施工停顿、质量安全事故等恶果。

做好充分的施工准备工作除了掌握施工准备工作的技术要求外,更重要的是具备责任与使命感、合作与协调能力、创新思维与实践能力、安全与环保意识、遵守法律法规遵守。思想决定行动,成为一名合格的建设者,需要有积极向上、社会责任感强的价值观和思维方式。

2. 施工准备工作的分类

1)按施工项目施工准备工作范围的不同分类

施工项目的施工准备工作按其范围的不同,一般可分为全场性施工准备、单位工程施工条件准备和分部(分项)工程作业条件准备 3 种。

(1)全场性施工准备

全场性施工准备是以整个市政项目或一个施工工地为对象而进行的各项施工准备工作。其特点是施工准备工作的目的、内容都是为全场性施工服务的,不仅要为全场性施工活动创造有利条件,而且要兼顾单位工程的施工条件准备。

(2)单位工程施工条件准备

单位工程施工条件准备是以一个构筑物为对象而进行的施工条件准备工作。其特点是施工准备工作的目的、内容都是为单位工程施工服务的,但它不仅要为该单位工程在开工前做好一切准备,而且还要为分部分项工程做好施工准备工作。

（3）分部（分项）工程作业条件准备

分部（分项）工程作业条件准备是以一个分部（或分项）工程或冬雨期施工项目为对象而进行的作业条件准备，是基础的施工准备工作。

2）按施工阶段分类

施工准备工作按拟建工程所处的不同施工阶段，一般可分为开工前施工准备和各分部分项工程施工前准备两种。

（1）开工前施工准备

开工前施工准备是在拟建工程正式开工之前所进行的一切施工准备工作，为拟建工程正式开工创造必要的施工条件。它既可能是全场性的施工准备，也可能是单位工程施工条件准备。

（2）各分部分项工程施工前准备

各分部分项工程施工前准备是在拟建工程正式开工之后，在每一个分部分项工程施工之前所进行的一切施工准备工作，为各分部分项工程的顺利施工创造必要的施工条件，又称为施工期间的经常性施工准备工作，也称为作业条件的施工准备。它既具有局部性和短期性，又具有经常性。

综上所述，施工准备工作不仅在开工前的准备期进行，还贯穿于整个过程中，随着工程的进展，在各个分部分项工程施工之前，都要做好施工准备工作。施工准备工作既要有阶段性，又要有连贯性。因此，施工准备工作必须有计划、有步骤、分阶段进行，它贯穿于整个工程项目建设的始终。因此，在项目施工过程中，第一，准备工作一定要达到开工所必备的条件方能开工。第二，随着施工的进程和技术资料的逐渐齐备，应不断增加施工准备工作的内容和深度。

3. 施工准备工作的基本内容

建设项目施工准备工作按其性质和内容，通常包括技术资料准备、施工物资准备、劳动组织准备、施工现场准备和施工对外工作准备 5 个方面。准备工作的内容见表 2.1。

桥梁施工前准备
工作知识拓展

表 2.1　施工准备工作内容

分类	准备工作内容
技术资料准备	熟悉、审查施工图纸；调查研究、搜集资料；编制施工组织设计；编制施工图预算和施工预算
施工物资准备	建筑材料准备；构配件、制品的加工准备；建筑安装机具的准备；生产工艺设备的准备
劳动组织准备	建立拟建工程项目的领导机构；建立精干的施工队伍；组织劳动力进场，对施工队伍进行各种教育；对施工队伍及工人进行施工计划和技术交底；建立健全各项管理制度

续表

分类	准备工作内容
施工现场准备	三通一平;施工场地控制网测设;临时设施搭设;现场补充勘探;建筑材料、构配件的现场储存、堆放;组织施工机具进场、安装、调试;做好冬雨季现场施工准备,设置消防
施工对外准备	选定材料、构配件和制品的加工订购地区和单位签订加工订货合同;确定外包施工任务的内容,选择外包施工单位,签订分包施工合同;及时填写开工申请报告,呈上级批准

4.施工准备工作的基本要求

1)施工准备工作要有明确的分工

①建设单位应做好主要专用设备、特殊材料等的订货,建设征地,申请建筑许可证,拆除障碍物,接通场外的施工道路、水源、电源等项工作。

②设计单位主要是进行施工图设计及设计概算等相关工作。

③施工单位主要是分析整个建设项目的施工部署,做好调查研究,收集有关资料,编制好施工组织设计,并做好相应的施工准备工作。

2)施工准备工作应分阶段、有计划地进行

施工准备工作应分阶段、有组织、有计划、有步骤地进行。

施工准备工作不仅要在开工之前集中进行,而且要贯穿整个施工过程的始终。随着工程施工的不断进展,分部分项工程的施工准备工作都要分阶段、有组织、有计划、有步骤地进行。为了保证施工准备工作能按时完成,应按照施工进度计划的要求,编制好施工准备工作计划,并随工程的进展,按时组织落实。

3)施工准备工作要有严格的保证措施

①施工准备工作责任制度。

②施工准备工作检查制度。

③坚持基建程序,严格执行开工报告制度。

4)开工前要对施工准备工作进行全面检查

单位工程的施工准备工作基本完成后,要对施工准备工作进行全面检查,具备了开工条件后,应及时向上级有关部门报送开工报告,经批准后即可开工。单位工程应具备的开工条件如下:

①施工图纸已经会审,并有会审纪要。

②施工组织设计已经审核批准,并进行了交底工作。

③施工图预算和施工预算已经编制和审定。

④施工合同已经签订,施工执照已经办好。

⑤现场障碍物已经拆除或迁移完毕,场内的"三通一平"工作基本完成,能够满足施工要求。

⑥永久或半永久性的平面测量控制网的坐标点和标高测量控制网的水准点均已建立,建筑物、构筑物的定位放线工作已基本完成,能满足施工的需要。

⑦施工现场的各种临时设施已按设计要求搭设,基本能够满足使用要求。

⑧工程施工所用的材料、构配件、制品和机械设备已订购落实,并已陆续进场,能够保证开工和连续施工的要求;先期使用的施工机具已按施工组织设计的要求安装完毕,并进行了试运转,能保证正常使用。

⑨施工队伍已经落实,已经过或正在进行必要的进场教育和各项技术交底工作,已调进现场或随时准备进场。

⑩现场安全施工守则已经制订,安全宣传牌已经设置,安全消防设施已经具备。

任务 2　技术资料准备

任务目标:

1.了解审查施工图纸的依据。

2.熟悉审查施工图纸的重点内容和要求。

3.掌握审查设计图纸的程序和施工图纸会审的重点内容。

4.具备施工图纸会审能力。

知识模块:

技术资料准备是施工准备的核心,是确保工程质量、工期、施工安全和降低成本、增加企业经济效益的关键,由于任何技术的差错或隐患都可能引起人身安全和质量事故,造成人身、财产和经济的巨大损失,因此必须认真地做好技术准备工作。

鉴于技术资料准备的重要性,需要从业者具备严谨、细致、负责的态度。技术资料准备主要包括熟悉与审查施工图纸、调查研究和收集资料、编制施工组织设计、编制施工图预算和施工预算文件。

1. 熟悉、审查施工图纸和有关的设计资料

1)熟悉、审查设计图纸的目的

①充分了解设计意图、结构构造特点、技术要求、质量标准,以免发生施工指导性错误,方

能按照设计图纸的要求顺利地进行施工,生产出符合设计要求的最终工程产品。

②通过审查发现设计图纸中存在的问题和错误应在施工之前改正,为拟建工程的施工提供一份准确、齐全的设计图纸以便及时改正,确保工程顺利施工。

③结合具体情况,提出合理化建议和协商有关配合施工等事宜,以确保工程质量、安全,降低工程成本和缩短工期。

④能够在拟建工程开工之前,使从事施工技术和经营管理的工程技术人员充分了解和掌握设计图纸的设计意图、结构与构造特点和技术要求。

2）熟悉、审查施工图纸的依据

①建设单位和设计单位提供的初步设计或扩大初步设计(技术设计)、施工图设计、总平面图、土方竖向设计和城市规划等资料文件。

②调查、搜集的原始资料。

③设计、施工验收规范和有关技术规定。

3）熟悉施工图纸的重点内容和要求

①审查拟建工程的地点、总平面图同国家、城市或地区规划是否一致,以及市政工程或构筑物的设计功能和使用要求是否符合卫生、防火及美化城市方面的要求。

②审查设计图纸是否完整、齐全,以及设计和资料是否符合国家有关工程建设的设计、施工方面的方针和政策。

③审查设计图纸与说明书在内容上是否一致,以及设计图纸与其各组成部分之间有无矛盾和错误。

④审查总平面图与其他结构图在几何尺寸、坐标、标高、说明等方面是否一致,技术要求是否正确。

⑤审查地基处理与基础设计同拟建工程地点的工程水文、地质等条件是否一致,以及市政工程与地下建筑物或构筑物、管线之间的关系。

⑥明确拟建工程的结构形式和特点,复核主要承重结构的强度、刚度和稳定性是否满足要求,审查设计图纸中的工程复杂、施工难度大和技术要求高的分部分项工程或新结构、新材料、新工艺,检查现有施工技术水平和管理水平能否满足工期和质量要求并采取可行的技术措施加以保证。

⑦明确建设期限、分期分批投产或交付使用的顺序和时间,以及工程所用的主要材料、设备的数量、规格、来源和供货日期。

⑧明确建设、设计和施工等单位之间的协作、配合关系,以及建设单位可以提供的施工条件。

4）熟悉、审查设计图纸的程序

熟悉、审查设计图纸的程序通常分为自审阶段、会审阶段和现场签证3个阶段。

（1）自审阶段

施工单位收到拟建工程的设计图纸和有关技术文件后应尽快组织有关的工程技术人员熟悉和自审图纸，写出自审图纸的记录。自审图纸的记录应包括对设计图纸的疑问和对设计图纸的有关建议。

（2）会审阶段

一般由建设单位主持，由设计单位和施工单位参加，三方进行设计图纸的会审。图纸会审时，首先由设计单位的工程主要设计人员向与会者说明拟建工程的设计依据、意图和功能要求，并对特殊结构、新材料、新工艺和新技术提出设计要求；然后施工单位根据自审记录以及对设计意图的了解，提出对设计图纸的疑问和建议；最后在三方统一认识的基础上，对所探讨的问题逐一做好记录，形成"图纸会审纪要"，由建设单位正式行文，参加单位共同会签、盖章，作为与设计文件同时使用的技术文件和指导施工的依据，以及建设单位与施工单位进行工程结算的依据，并列入工程预算和工程技术档案。施工图纸会审的重点内容主要有：

①审查拟建工程的地点、建筑总平面图是否符合国家或当地政府的规划，是否与规划部门批准的工程项目规模形式、平面立面图一致，在设计功能和使用要求上是否符合卫生、防火及美化城市等方面的要求。

②审查施工图纸与说明书在内容上是否一致，施工图纸是否完整、齐全，各种施工图纸之间、各组成部分之间是否有矛盾和差错，图纸上的尺寸、标高、坐标是否准确、一致。

③审查地上与地下工程、土建与安装工程、结构与装修工程等施工图之间是否有矛盾或是否会发生干扰，地基处理、基础设计是否与拟建工程所在地点的水文、地质条件等相符合。

④当拟建工程采用特殊的施工方法和特定的技术措施，或工程复杂、施工难度大时，应审查施工单位在技术上、装备条件上或特殊材料、构配件的加工订货上有无困难，能否满足工程施工安全和工期的要求，采取某些方法和措施后，是否能满足设计要求。

⑤明确建设期限、分期分批投产或交付使用的顺序、时间；明确建设、设计和施工单位之间协作、配合关系；明确建设单位所能提供的各种施工条件及完成的时间，建设单位提供的设备种类、规格、数量及到货日期等。

⑥对设计和施工提出的合理化建议是否被采纳或部分采纳；施工图纸中不明确或有疑问的地方，设计单位是否解释清楚等。

（3）现场签证阶段

在拟建工程施工的过程中，如果发现施工条件与设计图纸不符，或发现图纸中仍有错误，或因为材料的规格、质量不能满足设计要求，或因为施工单位提出了合理化建议，需要对设计图纸进行及时修订时，应遵循技术核定和设计变更的签证制度，进行图纸的施工现场签证。

如果设计变更的内容对拟建工程的规模、投资影响较大时,要报请项目的原批准单位批准。施工现场的图纸修改、技术核定和设计变更资料,都要有正式的文字记录,归入拟建工程施工档案,作为指导施工、竣工验收和工程结算的依据。

2. 调查研究、收集必要的资料

1）施工调查的意义和目的

通过原始资料的调查分析,可以为编制出合理的,符合客观实际的施工组织设计文件提供全面、系统、科学的依据;为图纸会审、编制施工图预算和施工预算提供依据;为施工企业管理人员进行经营管理决策提供可靠的依据。

施工调查分为投标前的施工调查和中标后的施工调查两个部分。投标前施工调查的目的是摸清工程条件,为制订投标策略和报价服务;中标后施工调查的目的是查明工程环境特点和施工条件,为选择施工技术与组织方案收集基础资料,以此作为准备工作的依据;中标后的施工调查是建设项目施工准备工作的一个组成部分。

2）施工调查的步骤

（1）拟订调查提纲

原始资料调查应有计划有目的地进行,在调查工作开始之前,根据拟建工程的性质、规模、复杂程度等涉及的内容,以及当地的原始资料,拟订出原始资料调查提纲。

（2）确定调查收集原始资料的单位

向建设单位、勘查单位和设计单位调查收集资料,如工程项目的计划任务书、工程项目地址选择的依据资料,工程地质、水文地质勘察报告、地形测量图,初步设计、扩大初步设计、施工图以及工程概预算资料;向当地气象台（站）调查有关气象资料;向当地主管部门收集现行的有关规定及对工程项目有指导性文件,了解类似工程的施工经验,了解各种建筑材料供应情况、构（配）件、制品的加工能力和供应情况,以及能源、交通运输和生活状况和参加施工单位的能力和管理状况等。对缺少的资料,应委托有关专业部门加以补充;对有疑点的资料要进行复查或重新核定。

（3）进行施工现场实地勘察

原始资料调查,不仅要向有关单位收集资料了解有关情况,还要到施工现场调查现场环境,必要时进行实际勘测工作。向周围的居民调查和核实书面资料中的疑问和认为不确定的问题,使调查资料更切合实际和完整,并增加感性认识。

（4）科学分析原始资料

科学分析调查中获得的原始资料。要确认其真伪程度,去伪存真,去粗取精,分类汇总,结合工程项目实际,对原始资料的真实情况进行逐项分析,找出有利因素和不利因素,尽量利用其有利条件,采取措施防止不利因素的影响。

3）施工调查的内容

（1）调查有关工程项目特征与要求的资料

①向建设单位和主体设计单位了解并取得可行性研究报告、工程地址选择、扩大初步设计等方面的资料，以便了解建设目的、任务、设计意图。

②弄清设计规模、工程特点。

③了解生产工艺流程与工艺设备的特点及来源。

④摸清工程分期、分批施工，配套交付使用的顺序要求，图纸交付的时间，以及工程施工的质量要求和技术难点等。

（2）调查施工场地及附近地区自然条件方面的资料

建设地区自然条件调查内容主要包括：建设地点的气象、地形、地貌、工程地质、水文地质、场地周围环境、地上障碍物和地下的隐蔽物等情况。详细内容见表2.2。这些资料主要来源于当地的气象台（站），工程项目的勘察设计单位和主体设计单位，以及施工单位进行施工现场调查和勘测的结果。主要作用是为确定施工方法和技术措施，编制施工组织计划和设计施工平面布置提供依据。

表2.2　施工现场条件调查表

序号	项目		调查内容	调查目的
一	气象	气温	1.年平均，最高、最低、最冷、最热月的逐月平均温度，结冰期、解冻期 2.冬、夏季室外计算温度 3.低于-3 ℃，0 ℃，5 ℃的天数、起止时间	1.防暑降温 2.冬季施工 3.估计混凝土、砂浆强度增长情况
		雨（雪）	1.雨（雪）季起止时间 2.全年降雨（雪）量、最大降雨（雪）量 3.年雷暴日数	1.雨（雪）季施工 2.工地排水、防涝 3.防雷
		风	1.主导风向及频率 2.大于8级风全年天数、时间	1.布置临建设施 2.高空作业及吊装措施
二	地形地质	地形	1.区域地形图 2.工程位置地形图 3.该区域的城市规划 4.控制桩、水准点的位置	1.选择施工用地 2.布置施工总平面图 3.计算现场平整土方量 4.掌握障碍物及数量
		地质	1.通过地质勘察报告，弄清地质剖面图、各层土的类别及厚度、地基土强度的有关结论等 2.地下各种障碍物，坑井问题等 3.水值分析	1.选择土方施工方法 2.确定地基处理方法 3.基础施工 4.障碍物拆除和坑井问题处理
		地震	地震级别及历史记载情况	施工方案

续表

序号	项目		调查内容	调查目的
三	水文地质	地下水	1. 最高、最低水位及时间 2. 流向、流速及流量	1. 基础施工方案的选择 2. 确定是否降低地下水位及方法 3. 水的侵蚀性及施工注意事项
		地面水	1. 附近江河湖泊及距离 2. 洪水、枯水时期 3. 水质分析	1. 临时给水 2. 施工防洪措施

（3）建设地区技术经济条件调查

建设地区技术经济条件调查的主要内容：地方建筑企业资源条件，交通运输条件，水、电、蒸汽等条件调查；参加施工单位的情况调查以及社会劳动力和生活设施的调查等内容。

施工现场准备以及
季节性施工准备

①地方建筑生产企业调查。地方建筑生产企业主要是指建筑构件厂、木工厂、金属结构厂、硅酸盐制品厂、砖厂、水泥厂、白灰厂和建筑设备厂等。主要调查内容见表2.3。资料来源主要是当地计划、经济及建筑业管理部门。主要作用是为确定材料、构（配）件、制品等的货源、供应方式和编制运输计划、规划场地和临时设施等提供依据。

表2.3　地方建筑生产企业调查表

序号	企业名称	产品名称	单位	规格	质量	生产能力	生产方式	出厂价格	运距	运输方式	单位运价	备注

②地方资源条件调查。地方资源主要是指碎石、砾石、块石、砂石和工业废料（如矿渣、炉渣和粉煤灰）等，其作用是合理选用地方性建材、降低工程成本，调查内容见表2.4。

表2.4　地方资源条件调查表

序号	材料名称	产地	储藏量	质量	开采量	出厂价	供应能力	运距	单位运价

③地方交通运输条件的调查。建筑施工中主要的交通运输方式一般有水运、铁路运输、公路运输和其他运输方式。交通运输条件调查主要是向当地铁路、公路、水运、航空运输管理部门的有关业务部门收集有关资料，主要作用是决定选用材料和设备的运输方式，进行运输业务的组织，其内容见表2.5。

表 2.5　地方交通运输条件调查表

序号	项目	调查内容	调查目的
一	铁路	1. 邻近铁路专用线、车站至工地的距离及沿途运输条件 2. 站场卸货线长度,起重能力和储存能力 3. 装载单个货物的最大尺寸、质量的限制	
二	公路	1. 主要材料产地至工地的公路等级、路面构造、路宽及完好情况,允许最大载重量、途经桥涵等级、允许最大尺寸、最大载重量 2. 当地专业运输机构及附近村镇能提供的装卸、运输能力(吨公里)、汽车、畜力、人力车的数量及运输效率,运费、装卸费 3. 当地有无汽车修配厂、修配能力和至工地距离	1. 选择运输方式 2. 制订运输计划
三	水运	1. 货源、工地至邻近河流、码头渡口的距离,道路情况 2. 洪水、平水、枯水期时,通航的最大船只及吨位,取得船只的可能性 3. 码头装卸能力,最大起重量,增设码头的可能性 4. 渡口的渡船能力:同时可载汽车、马车数,每日次数,能为施工提供能力 5. 运费、渡口费、装卸费	

④水、电、蒸汽条件的调查。水、电和蒸汽是施工不可缺少的条件,资料来源主要是当地城市建设、电业、电信等管理部门和建设单位。主要用作选用施工用水、用电和供蒸汽方式的依据,调查内容见表2.6。

表 2.6　水、电、蒸汽条件调查表

序号	项目	调查内容	调查目的
一	供排水	1. 工地用水与当地现有水源连接的可能性,可供水量、接管地点、管径、材料、埋深、水压、水质及水费,至工地距离,沿途地形地物状况 2. 自选临时江河水源的水质、水量、取水方式、至工地距离,沿途地形地物状况,自选临时水井的位置、深度、管径、出水量和水质 3. 利用永久性排水设施的可能性,施工排水的去向、距离和坡度,有无洪水影响,防洪设施状况	1. 确定生活、生产供水方案 2. 确定工地排水方案和防洪设施 3. 拟订供排水设施的施工进度计划
二	供电	1. 当地电源位置、引入的可能性、可供电的容量、电压、导线截面和电费,引入方向、接线地点及其至工地距离、沿途地形地貌状况 2. 建设单位和施工单位自有的发、变电设备的型号、台数和容量 3. 利用邻近电讯设施的可能性,电话、电信局等至工地的距离,可能增设电讯设备、线路的情况	1. 确定供电方案 2. 确定通信方案 3. 拟订供电、通信设施的施工进度计划

续表

序号	项目	调查内容	调查目的
三	蒸汽等	1. 蒸汽来源,可供蒸汽量,接管地点、管径、埋深,至工地距离,沿途地形地貌状况、蒸汽价格 2. 建设、施工单位自有锅炉的型号、台数和能力,所需燃料及水质标准 3. 当地或建设单位可能提供的压缩空气、氧气的能力,至工地距离	1. 确定生产、生活用气的方案 2. 确定压缩空气、氧气的供应计划

施工前劳动力准备工作

⑤参加施工的施工单位的调查和地方社会劳动力条件调查见表 2.7。

表 2.7　施工单位和地方劳动力调查表

序号	项目	调查内容	调查目的
一	工人	1. 工人的总数、各专业工种的人数、能投入本工程的人数 2. 专业分工及一专多能情况 3. 定额完成情况	1. 了解总、分包单位的技术管理水平 2. 选择分包单位 3. 为编制施工组织设计提供依据
二	管理人员	1. 管理人员总数、各种人员比例及其人数 2. 工程技术人员的人数,专业构成情况	
三	施工机械	1. 名称、型号、规格、台数及其新旧程度(列表) 2. 总装备程度:技术装备率和动力装备率 3. 拟增购的施工机械明细表	
四	施工经验	1. 历史上曾经施工过的主要工程项目 2. 习惯采用的施工方法,曾采用过的先进施工方法 3. 科研成果和技术更新情况	
五	主要指标	1. 劳动生产率指标:全员、建安劳动生产率 2. 质量指标:产品优良率及合格率 3. 安全指标:安全事故频率 4. 降低成本指标:成本计划实际降低率 5. 机械化施工程度 6. 机械设备完好率、利用率	
六	劳动力	当地能支援的劳动力人数、技术水平、来源和收费标准	拟订劳动力计划

(4)社会生活条件调查

生活设施的调查是为建立职工生活基地,确定临时设施提供依据。其主要内容包括:

①周围地区能为施工利用的房屋类型、面积、结构、位置、使用条件和满足施工需要的程

度,附近主副食供应、医疗卫生、商业服务条件,公共交通、邮电条件、消防治安机构的支援能力,这些调查对于在新开拓地区施工特别重要。

②附近地区机关、居民、企业分布状况及作息时间、生活习惯和交通情况,施工时吊装、运输、打桩、用火等作业所产生的安全问题、防火问题,以及振动、噪声、粉尘、有害气体、垃圾、泥浆、运输散落物等对周围人们的影响及防护要求,工地内外绿化、文物古迹的保护要求等。

(5)其他调查

如果涉及国际工程、国外施工项目,那么调查内容要更加广泛,如汇率、进出海关的程序与规则、项目所在国的法律、法规和政治经济形势、业主资信等情况都要进行详细的了解。

3. 编制施工组织设计

为了使复杂的市政工程的各项工作在施工中得到合理安排,有条不紊地进行,必须做好施工的组织工作和计划安排,施工组织设计是根据设计文件、工程情况、施工期限及施工调查资料,拟订施工方案,内容包括各项工程的施工期限、施工顺序、施工方法、工地布置、技术措施、施工进度以及劳动力的调配,机器、材料和供应日期等。

由于市政工程生产的技术经济特点,工程没有一个通用定型的、一成不变的施工方法,所以,每个市政工程项目都需要分别确定施工组织方法,也就是分别编制施工组织设计作为组织和指导施工的重要依据。

4. 编制施工图预算和施工预算

1)编制施工图预算

施工图预算是技术准备工作的主要组成部分之一,是按照施工图确定的工程量、施工组织设计所拟订的施工方法、工程预算定额及其取费标准,是施工单位编制的确定工程造价的经济文件。它是施工企业签订工程承包合同、工程结算、建设银行拨付工程价款、进行成本核算、加强经营管理等方面工作的重要依据。

2)编制施工预算

施工预算是根据施工图预算、施工图纸、施工组织设计或施工方案、施工定额等文件进行编制的,直接受施工图预算的控制。它是施工企业内部控制各项成本支出、考核用工、"两算"对比、签发施工任务单、限额领料、基层进行经济核算的依据。

施工图预算与施工预算存在着很大的区别。施工图预算是甲乙双方确定预算单价、发生经济联系的技术经济文件;而施工预算则是施工企业内部经济核算的依据。施工图预算与施工预算消耗与经济效益的比较,通称"两算"对比,是促进施工企业降低物资消耗,增加积累的重要手段。

任务 3　施工物资准备

任务目标：

1. 了解物资准备工作的内容。

2. 熟悉物资准备工作的程序。

3. 具备物资准备工作的能力。

知识模块：

材料、构（配）件、制品、机具和设备是保证施工顺利进行的物资基础,这些物资的准备工作必须在工程开工之前完成。根据各种物资的需要量进行,分别落实货源,安排运输和储备,使其满足连续施工的要求。

在落实货源环节,涉及供应商的选择和采购谈判,需谨记公平、透明、诚信的原则进行采购并严把质量关,避免不正当手段或腐败行为;在分配资源环节,需谨记社会资源宝贵性,需要对时间、人力、资金进行科学合理分配并注意勤俭节约。

1. 物资准备工作的内容

物资准备工作主要包括材料的准备,构配件、制品的加工准备,施工机具的准备和生产工艺设备的准备。

1) 材料的准备

材料的准备主要是根据施工预算进行分析,按照施工进度计划要求,按材料名称、规格、使用时间、材料储备定额和消耗定额进行汇总,编制出材料需要量计划,为组织备料、确定仓库、场地堆放所需的面积和组织运输等提供依据。

2) 构配件、制品的加工准备

根据施工预算提供的构配件、制品的名称、规格、质量和消耗量,确定加工方案和供应渠道以及进场后的储存地点和方式,编制出其需要量计划,为组织运输、确定堆场面积等提供依据。

3) 施工机具的准备

根据采用的施工方案,安排施工进度,确定施工机械的类型、数量和进场时间,确定施工机具的供应办法和进场后的存放地点和方式,编制工艺设备需要量计划,为组织运输、确定堆场面积提供依据。

4）生产工艺设备的准备

按照拟建工程生产工艺流程及工艺设备的布置图,提出工艺设备的名称、型号、生产能力和需要量,确定分期分批进场时间和保管方式,编制工艺设备需要量计划,为组织运输、确定进场面积提供依据。

2. 物资准备工作的程序

物资准备工作的程序是搞好物资准备的重要手段,通常按如下程序进行。

①根据施工预算、分部（分项）工程施工方法和施工进度的安排,拟订外拨材料、地方材料、构（配）件及制品、施工机具和工艺设备等物资的需要量计划。

②根据各种物资需要量计划,组织货源,确定加工、供应地点和供应方式,签订物资供应合同。

③根据各种物资的需要量计划和合同,拟订运输计划和运输方案。

④按照施工总平面图的要求,组织物资按计划时间进场,在指定地点和规定方式进行储存或堆放。

物资准备工作程序如图 2.1 所示。

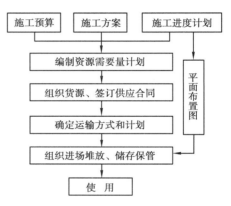

图 2.1　物资准备工作程序图

3. 物资准备的注意事项

①无出厂合格证明或没有按规定进行复验的原材料、不合格的构配件,一律不得进场和使用。严格执行施工物资的进场检查验收制度,杜绝假冒伪劣产品进入施工现场。

②施工过程中要注意查验各种材料、构配件的质量和使用情况,对不符合质量要求、与原试验检测品种不符或有怀疑的,应提出复试或化学检验的要求。

③现场配制的混凝土、砂浆、防水材料、耐火材料、绝缘材料、保温隔热材料、防腐蚀材料、润滑材料以及各种掺合料、外加剂等,使用前均应由试验室确定原材料的规格和配合比,并制订出相应的操作方法和检验标准后方可使用。

④进场的机械设备,必须进行开箱检查验收,产品的规格、型号、生产厂家和地点、出厂日期等,必须与设计要求完全一致。

任务 4　劳动组织准备

任务目标：

1. 了解组织机构设置程序。

2. 熟悉施工组织设计、计划和技术交底的内容。

3. 具备劳动组织准备的能力。

知识模块：

劳动是一切幸福的源泉,人类是劳动创造的,社会是劳动创造的,做好劳动组织需要具有"劳动最光荣、劳动最崇高、劳动最伟大、劳动最美丽"的观念;需要具备尊重与关怀意识,尊重劳动者的权益和人格尊严,关心劳动者的劳动条件和待遇,体现人文关怀的价值观;需要具备公平公正的意识,合理安排工人的任务和劳动分工,避免不合理的安排导致不满和不公平;需要具备团结与合作意识:劳动组织准备需要协调不同工种的劳动者,团队成员之间相互配合方能确保工作的顺利进行。

劳动组织准备包括建立拟建工程项目的领导机构;建立精干的施工队组;组织劳动力进场、妥善安排各种教育、做好职工的生活后勤保障准备;向施工队组、工人进行施工组织设计、计划和技术交底;建立健全各项管理制度。

1. 建立拟建工程项目的领导机构

建立拟建工程项目的领导机构应遵循以下原则:根据拟建工程项目的规模、结构特点和复杂程度,确定拟建工程项目施工的领导机构人选和名额;坚持合理分工与密切协作相结合;把有施工经验、有创新精神、有工作效率的人选入领导机构;从施工项目管理的总目标出发,因目标设事,因事设机构定编制,按编制设岗位定人员以职责定制度授权力。对一般的单位工程,可配置项目经理、技术员、质量员、材料员、安全员、定额统计员、会计各一名即可;对于大型的单位工程,项目经理可配副职,技术员、质量员、材料员和安全员的人数均应适当增加。组织机构设置的程序如图 2.2 所示。

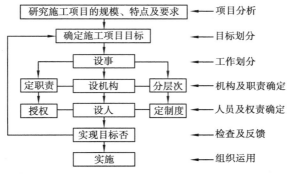

图 2.2　组织机构设置程序图

2. 建立精干的施工队组

施工队组的建立要认真考虑专业、工程的合理配合,技工、普工的比例要满足合理的劳动组织,专业工种工人要持证上岗,要符合流水施工组织方式的要求,确定建立施工队组,要坚持合理、精干高效的原则;人员配置要从严控制二、三线管理人员,力求一专多能、一人多职,同时制订出该工程的劳动力需要量计划。施工队伍主要有基本、专业和外包施工队伍3种类型。

①基本施工队伍是施工企业组织施工生产的主力,应根据工程的特点、施工方法和流水施工的要求恰当地选择劳动组织形式。土建工程施工一般采用混合施工班组较好,其特点是:人员配备少,工人以本工种为主,兼做其他工作,施工过程之间搭接比较紧凑,劳动效率高,也便于组织流水施工。

②专业施工队伍主要用来承担机械化施工的土方工程、吊装工程、钢筋气压焊施工和大型单位工程内部的机电安装、消防、空调、通信系统等设备安装工程,也可将这些专业性较强的工程外包给其他专业施工单位来完成。

③外包施工队伍主要用来弥补施工企业劳动力的不足。随着建筑市场的开放、用工制度的改革和施工企业的“精兵简政”,施工企业仅靠自己的施工力量来完成施工任务已远远不能满足需要,因而将越来越多地依靠组织外包施工队伍来共同完成施工任务。外包施工队伍大致有3种形式:独立承担单位工程施工、承担分部分项工程施工和参与施工单位施工队组施工,以前两种形式居多。

施工经验证明,无论采用哪种形式的施工队伍,都应遵循施工队组和劳动力相对稳定的原则,以利于保证工程质量和提高劳动效率。

3. 组织劳动力进场,妥善安排各种教育,做好职工的生活后勤保障准备

施工前,企业要对施工队伍进行劳动纪律、施工质量及安全教育,注意文明施工,而且还要做好职工、技术人员的培训工作,使之达到标准后再上岗操作。

此外,还要特别重视职工的生活后勤服务保障准备,要修建必要的临时房屋,解决职工居住、文化生活、医疗卫生和生活供应之用,在不断提高职工物质文化生活水平同时,也要注意改善工人的劳动条件,如照明、取暖、防雨(雪)、通风、降温等,重视职工身体健康,这也是稳定职工队伍,保障施工顺利进行的基本因素。

4. 向施工队组、工人进行施工组织设计、计划和技术交底

施工组织设计、计划和技术交底的目的是把拟建工程的设计内容、施工计划和施工技术

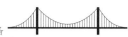

等要求,详尽地向施工队组和工人讲解交代。这是落实计划和技术责任制的好办法。

施工组织设计、计划和技术交底的时间在单位工程或分部分项工程开工前及时进行,以保证工程严格地按照设计图纸、施工组织设计、安全操作规程和施工验收规范等要求进行施工。

施工组织设计、计划和技术交底的内容有:工程的施工进度计划、月(旬)作业计划;施工组织设计,尤其是施工工艺、质量标准、安全技术措施、降低成本措施和施工验收规范的要求;新结构、新材料、新技术和新工艺的实施方案和保证措施;图纸会审中所确定的有关部门的设计变更和技术核定等事项。交底工作应该按照管理系统逐级进行,由上而下直到工人队组。交底的方式有书面形式、口头形式和现场示范形式等。

队组、工人接受施工组织设计、计划和技术交底后,要组织其成员进行认真的分析研究,弄清关键部位、质量标准、安全措施和操作要领。必要时应进行示范,并明确任务及做好分工协作,同时建立健全岗位责任制和保证措施。

5. 建立健全各项管理制度

工地的各项管理制度是否建立、健全,直接影响到施工活动的顺利进行。有章不循的后果是严重的,而无章可循则更为危险。为此必须建立、健全工地的各项管理制度:工程质量检查与验收制度;工程技术档案管理制度;材料(构件、配件、制品)的检查验收制度;技术责任制度;施工图纸学习与会审制度;技术交底制度;职工考勤、考核制度;工地及班组经济核算制度;材料出入库制度;安全操作制度;机具使用保养制度。

任务 5　施工现场准备

任务目标:

1. 了解施工现场准备的内容。

2. 熟悉施工场地的测量控制网的建立。

3. 具备施工现场准备的能力。

知识模块:

施工现场是参加施工的全体人员为优质、安全、低成本和高速度完成施工任务而进行工作的活动空间;施工现场准备工作是为拟建工程施工创造有利的施工条件和物质保证的基础。做好施工现场准备工作需要具备安全与风险防范意识,需具备环保与可持续发展意识。其主要内容包括:拆除障碍物,做好"三通一平";做好施工场地的控制网测量与放线;搭设临时设施;安装调试施工机具,做好材料、构配件等的存放工作;做好冬雨季施工安排;设置消防、保安设施和机构。

1. 拆除障碍物，现场"三通一平"

在市政工程的用地范围内，拆除施工范围内的一切地上、地下妨碍施工的障碍物和把施工道路、水电管网接通到施工现场的"场外三通"工作，通常是由建设单位来完成，但有时也委托施工单位完成。如果工程的规模较大，这一工作可分阶段进行，保证在第一期开工的工程用地范围内先完成，再依次进行其他的。除了以上"三通"外，有些小区开发建设中，还要求有"热通"（供蒸汽）、"气通"（供煤气）、"话通"（通电话）等。

1）平整施工场地

施工现场的平整工作，是按总平面图中确定的进行的。首先通过测量，计算出挖土及填土的数量，设计土方调配方案，组织人力或机械进行平整工作。

如拟建场地内有旧建筑物，则须拆迁房屋。同时要清理地面上的各种障碍物，如树根等。还要特别注意地下管道、电缆等情况，对它们必须采取可靠的拆除或保护措施，如图2.3所示。

图2.3　平整施工场地

2）修通道路

施工现场的道路，是组织大量物资进场的运输动脉，为了保证建筑材料、机械、设备和构件早日进场，必须先修通主要干道及必要的临时性道路。为了节省工程费用，应尽可能利用已有的道路或结合正式工程的永久性道路。为使施工时不损坏路面和加快修路速度，可以先做路基，施工完毕后再做路面。

3）水通

施工现场的水通，包括给水和排水两个方面。施工用水包括生产与生活用水，其布置应按施工总平面图的规划进行安排。施工给水设施，应尽量利用永久性给水线路。临时管线的

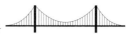

铺设,既要满足生产用水点的需要和使用方便,又要尽量缩短管线。施工现场的排水也是十分重要的,尤其雨季,排水有问题会影响施工的顺利进行。因此,要做好有组织的排水工作。

4)电通

根据各种施工机械用电量及照明用电量,计算选择配电变压器,并与供电部门联系,按施工组织设计的要求,架设好连接电力干线的工地内外临时供电线路及通信线路。应注意对建筑红线内及现场周围不准拆迁的电线、电缆加以妥善保护。此外,还应考虑到因供电系统供电不足或不能供电时,为满足施工工地的连续供电要求,此时应考虑使用备用发电机。

2. 交接桩及施工定线

施工单位中标以后,应及时会同设计、勘察单位进行交接桩工作。交接桩时,主要交接控制桩的坐标、水准基点桩的高程,线路的起始桩、直线转点桩、交点桩及其护桩,曲线及缓和曲线的终点桩、大型中线桩、隧道进出口桩。交接桩一定要有经各方签字的书面材料存档。

3. 做好施工场地的测量控制网

按照设计单位提供的工程总平面图和城市规划部门给定的建筑红线桩或控制轴线桩及标准水准点进行测量放线,在施工现场范围内建立平面控制网、标高控制网,并对其桩位进行保护;同时还要测定出建筑物、构筑物的定位轴线、其他轴线及开挖线等,并对其桩位进行保护,以作为施工的依据。其工作的进行,一般是在土方开挖之前,在施工场地内设置坐标控制网和高程控制点来实现的,这些网点的设置应视工程范围的大小和控制的精度而定。测量放线是确定拟建工程的平面位置和标高的关键环节,施测中必须认真负责,确保精度,杜绝差错。为此,施测前应对测量仪器、钢尺等进行检验校正,并了解设计意图,熟悉并校核施工图,制订测量放线方案,按照设计单位提供的总平面图及给定的永久性经纬坐标控制网和水准控制基桩,进行施工测量,设置施工测量控制网。同时对规划部门给定的红线桩或控制轴线桩和水准点进行校核,如发现问题,应提请建设单位迅速处理。

4. 临时设施的搭设

为了施工方便和安全,对于指定的施工用地的周界,应用围挡围起来,围挡的形式和材料应符合所在地管理部门的有关规定和要求。在主要出入口处设明标牌,标明工程名称、施工单位、工地负责人等。施工现场所需的各种生产、办公、生活、福利等临时设施,均应报请规划、市政、消防、交通、环保等有关部门审查批准,并按施工平面图中确定的位置、尺寸搭设,不得乱搭乱建,如图 2.4 所示。

图 2.4　施工现场临设

各种生产、生活须用的临时设施,包括各种仓库、混凝土搅拌站、预制构件场、机修站、各种生产作业棚、办公用房、宿舍、食堂、文化生活设施等,均应按批准的施工组织设计规定的数量、标准、面积、位置等要求组织修建。大、中型工程可分批分期修建。

此外,在考虑施工现场临时设施的搭设时,应尽量利用原有建筑物,尽可能减少临时设施的数量,以便节约用地并节省投资。

除上述准备工作外,还应做好以下现场准备工作:

1)做好施工现场的补充勘探

对施工现场做补充勘探的目的是进一步寻找枯井、防空洞、古墓、地下管道、暗沟和枯树根以及其他问题坑等,以便准确地探清其位置,及时地拟订处理方案。

2)做好材料、构(配)件的现场储存和堆放

应按照材料及构(配)件的需要量计划组织进场,并应按施工平面图规定的地点和范围进行储存和堆放。

3)组织施工机具进场,并安装和调试

按照施工机具需要量计划,组织施工机具进场,根据施工总平面图将施工机具安置在规定的地点或仓库。对于固定的机具要进行就位、搭棚、接电源、保养和调试等工作。对所有施工机具都必须在开工之间进行检查和试运转。

4)做好冬期施工的现场准备,设置消防、保安设施

按照施工组织设计要求,落实冬、雨期施工的临时设施和技术措施,并根据施工总平面图的布置,建立消防、安保等机构和有关规章制度,布置安排好消防、安保等措施。

模块小结

本章介绍了施工工作准备的意义,分类及要求;施工准备工作的内容及方法;施工准备工作计划。通过本章的学习,学生能够进行市政工程施工准备,编制简单工程的施工准备工作计划。

思考与拓展

1. 简述施工准备工作的意义。
2. 简述施工准备工作的内容。
3. 物资准备工作的内容有哪些?
4. 原始资料的调查包括哪些内容?
5. 技术资料准备包括哪些内容?
6. 如何审查图纸?
7. 施工现场的准备工作包括哪些内容?
8. 什么是"三通一平"?
9. 冬雨期施工准备工作如何进行?

实习实作

1. 组织学生到市政工程施工现场参观,了解施工现场的具体情况,着重了解施工单位在施工现场的准备情况。
2. 邀请施工单位的施工员到校作施工准备方面的专题报告。
3. 课前让学生收集市政工程施工准备方面的资料。
4. 指导学生上网登录市政工程施工行业相关网站。

模块 3　市政工程流水施工

　　某市政桥梁工程施工,施工内容包含土方、结构等内容。合同开工时间是 2017 年 11 月 20 日,竣工时间 2019 年 3 月 18 日。如何科学、合理地组织施工,才能按期完成工程项目呢?

任务 1　认识流水施工

　　任务目标:

　　1.熟悉常用的施工组织方式的优缺点及适用范围。

　　2.掌握流水施工的基本参数。

　　3.具备识读横道图的能力。

　　知识模块:

　　市政工程的体量较大,施工时间长,要对工程进行有序的组织管理,就需要采用合适的施工组织方式。同时需要每位参与者相互协调配合,才能共同完成。上海中心大厦就是完全依靠我国的研究机构和技术人员解决了一系列难题。技术专家带领团队经过 9 个月的时间,自主研发了专用于上海中心大厦的 15 种滑移支座,不仅降低了控制安装偏差的难度,还有效控制了工程造价和工期,为整个上海中心大厦节省了接近 1 亿元的建设成本。

1.常用的施工组织方式

　　工程施工中常用的组织方式有 3 种,分别为是依次施工、平行施工、流水施工。在施工中施工组织的方式不是单一的,根据情况的不同,可选择不同的施工方式,这就是"一花独放不是春,百花齐放春满园"呈现的多元价值观。在施工中要尊重现实、根据施工项目的具体情况而定,形成包容团结的施工氛围。

流水施工组织的
一般概念

　　【例 3.1】　某市政工程划分为工程量相等的 3 段,其编号分别为 Ⅰ、Ⅱ、Ⅲ。各段的基础工程分解为挖土、垫层、砌基础、回填土 4 个施工过程,每个施工过程的持续时间分别为 4 天、2 天、6 天、2 天。它们所需劳动力分别为 10 人、10 人、15 人、10 人。试组织施工。

　　1)依次施工

　　依次施工就是要一步一个脚印,踏踏实实做事,不急不躁把工作做好,预防窝工情况发生,提高工作效率。

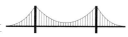

（1）按施工段依次施工

依次施工组织方式为先施工Ⅰ段的基础工程,待Ⅰ段基础工程的挖土、垫层、砌基础、回填土4个施工过程全部完成后再施工Ⅱ段的基础工程,待Ⅱ段基础工程的所有施工完成后最后施工Ⅲ段的基础工程(图3.1)。

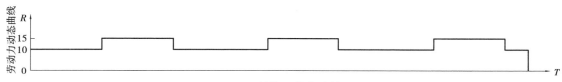

图3.1　按施工段依次施工

工期:$T = 3 \times (4 + 2 + 6 + 2) \, \text{d} = 42 \, \text{d} = M \sum t_i$

（2）按施工过程依次施工

依次施工组织方式为按顺序施工每段基础工程的挖土,垫层,再施工砌基础、最后施工回填土过程。

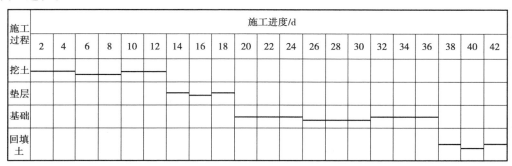
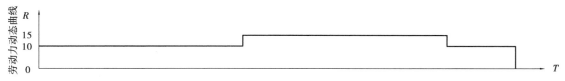

图3.2　按施工过程依次施工

2）平行施工

平行施工是所有施工对象在各施工段同时开工、同时完工的一种施工组织方式。

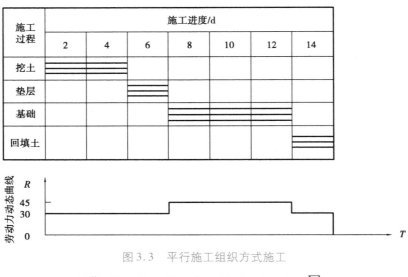

图 3.3 平行施工组织方式施工

工期: $T = (4 + 2 + 6 + 2)\,\mathrm{d} = 14\,\mathrm{d} = \sum t_i$

3）流水施工

流水施工是指所有施工过程按一定的时间间隔依次投入施工,各个施工过程陆续开工、陆续竣工,使同一施工过程的施工班组保持连续、均衡地施工,不同施工过程的专业队伍最大限度地、合理地搭接起来的一种施工组织方式。

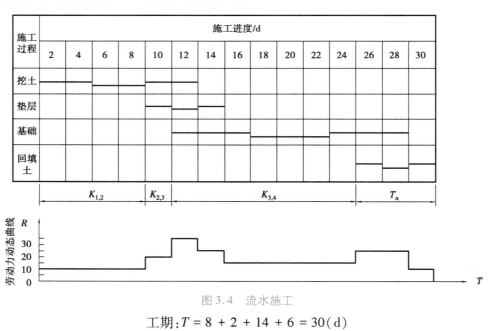

图 3.4 流水施工

工期: $T = 8 + 2 + 14 + 6 = 30(\mathrm{d})$

$$T = \sum k_{i,i+1} + T_n$$

3 种施工方式的特点比较见表 3.1。

表 3.1 3 种施工方式的特点比较

比较内容	依次施工	平行施工	流水施工
工作面利用情况	不能充分利用工作面	充分地利用了工作面	合理、充分地利用了工作面
工期	最长	最短	适中
窝工情况	按施工段依次施工有窝工现象	若不进行协调,则有窝工	主导施工过程班组不会有窝工现象
专业班组	实行,但要消除窝工则不能实行	实行	实行
资源投入情况	日资源用量小,品种单一,且不均匀	日资源用量大,品种单一,且不均匀	日资源用量适中,且比较均匀
对劳动生产率和工程质量的影响	不利	不利	有利

从以上的对比分析可以看出流水施工方式具有下述特点:

①充分利用工作面进行施工,工期较短。

②各工作队实现了施工专业化,有利于提高技术水平和劳动生产率,有利于提高工程质量。

③专业工作队能够连续施工,并使相邻专业队的开工时间最大限度地合理搭接。

④单位时间内资源的使用比较均衡,有利于资源供应的组织。

⑤为施工现场的文明施工和科学管理创造了有利条件。

2. 流水施工的表达方式

流水施工的表达方式,主要有横道图、斜线图和网络图。

1)横道图

斜线图的绘制方法

横道图如图 3.5 所示。图中的横坐标表示流水施工的持续时间;纵坐标表示施工过程的名称或编号。n 条带有编号的水平线段表示 n 个施工过程或专业工作队的施工进度安排,其编号①、②、…表示不同的施工段。横道图具有绘制简单,形象直观的特点。

施工过程	施工进度/d						
	2	4	6	8	10	12	14
挖基槽	①	②	③	④			
做垫层		①	②	③	④		
砌基础			①	②	③	④	
回填土				①	②	③	④

图 3.5 横道图

2）斜线图

斜线图是将横道图中的水平进度改为斜线来表达的一种形式，其横坐标表示持续时间，纵坐标表示施工段（由下往上），斜线表示每个段完成各道工序的持续时间以及进展情况，斜线图可以直观地从施工段的角度反映出各施工过程的先后顺序以及时空状况。通过比较各条斜线的斜率可以了解各施工过程的施工速度快慢。

斜线图的实际应用不及横道图普遍。斜线图实例如图3.6所示（图表中的Ⅰ、Ⅱ、Ⅲ为段数）。

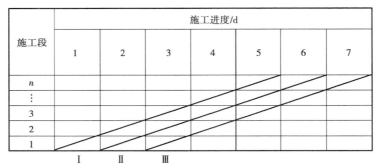

图3.6　斜线图

3）网络图

网络图的表达形式，详见模块4"网络计划技术"。

3. 流水施工的基本参数

在组织流水施工时，为了准确地表达各施工过程在时间上和空间上的相互依存关系，需引入一些参数，这些参数称为流水施工参数。流水施工参数可分为工艺参数、空间参数和时间参数。

流水作业参数的确定

表3.2　流水施工基本参数

序号	类别	基本参数	代号	说明
1	工艺参数	施工过程数	n	参与一组流水的施工过程数目
		流水强度	V_i	某施工过程在单位时间内所完成的工程量
2	空间参数	施工段	m	将施工对象在平面上划分为若干个劳动量大致相等的施工区段，这些施工区段称为施工段
		施工层	r	为满足专业工种对操作高度的要求，通常将施工项目在竖向上划分为若干个作业层，这些作业层称为施工层
		工作面	a	安排专业工人进行操作或者布置机械设备进行施工所需的活动空间

续表

序号	类别	基本参数	代号	说明
3	时间参数	流水节拍	t_i	从事某一施工过程的施工队在某一个施工段上完成所对应施工任务所需的时间
		流水步距	$K_{i,i+1}$	相邻两个施工过程的施工队先后进入同一施工段开始施工的时间间隔
		间歇时间	t_j	相邻两个施工过程之间必须留有的时间间隔,分为技术间歇和组织间歇
		搭接时间	t_d	当上一施工过程为下一施工过程提供了足够的工作面,下一施工过程可提前进入该段施工,即为搭接施工。该时间为搭接时间
		流水工期	T	完成一项工程任务或一个流水组施工所需的时间

1)工艺参数

在组织流水施工时,用以表达流水施工在施工工艺上开展顺序及其特征的参数,称为工艺参数。工艺参数包括施工过程数和流水强度两种。

(1)施工过程数

施工过程数(n)是将整个建造对象分解成几个施工步骤,每一步骤就是一个施工过程,以符号 n 表示。

(2)流水强度

流水强度(V_i)是指某施工过程在单位时间内所完成的工程量,一般以 V_i 表示。流水强度包括机械施工过程的流水强度和人工施工过程的流水强度。

$$V_i = \sum_{i=1}^{x} R_i S_i \qquad (3.1)$$

式中　V_i——某施工过程 i 的机械操作流水程度;

　　　R_i——投入施工过程 i 的某种施工机械台数;

　　　S_i——投入施工过程 i 的某种施工机械产量定额;

　　　x——投入施工过程 i 的某种施工机械种类数。

2)空间参数

在组织流水施工时,用以表达流水施工在空间布置上所处状态的参数称为空间参数。空间参数主要有施工段、施工层、工作面。

(1)施工段和施工层

施工段(m)和施工层(r)是指工程对象在组织流水施工中所划分的施

流水施工的空间参数

工区段数目。一般将平面上划分的若干个劳动量大致相等的施工区段称为施工段,用符号 m 表示。将构筑物垂直方向划分的施工区段称为施工层,用符号 r 表示。

①划分施工段的目的。划分施工段的目的就是组织流水施工。由于市政工程体积庞大,可以将其划分成若干个施工段,从而为组织流水施工提供足够的空间。

②划分施工段的原则。

A.同一专业施工队在各个施工段上的劳动量大致相等,相差幅度不宜超过 10% ~ 15% 。

B.每个施工段要有足够的工作面,以保证工人、施工机械的生产效率,满足合理劳动组织的要求。

C.施工段的界限尽可能与结构界限(如沉降缝、伸缩缝等)相吻合,或设在对结构整体性影响小的部位,以保证建筑结构的整体性。

D.施工段的数目要满足合理流水施工的要求。施工段数目过多,会降低施工速度,延长工期;施工段过少,不利于充分利用工作面,可能造成窝工。

(2)工作面

某专业工种的工人在从事施工生产过程中所必须具备的活动空间,这个活动空间称为工作面。工作面确定得合理与否,直接影响专业工作队的生产效率。因此,必须合理确定工作面。

3)时间参数

在组织流水施工时,用以表达流水施工在时间排列上所处状态的参数,称为时间参数。主要包括流水节拍、流水步距、搭接时间、技术与组织间歇时间、工期。

流水施工的时间参数

(1)流水节拍

流水节拍(t_i)是指从事某一施工过程的施工队在一个施工段上完成施工任务所需的时间,用符号 t_i 表示($i = 1, 2, \cdots, n$)。流水节拍的大小决定着施工速度和施工的节奏,也是区别流水施工组织方式的特征参数。

确定流水节拍的方法:

①定额计算法。

$$t_i = \frac{Q_i}{S_i R_i Z_i} = \frac{P_i}{R_i Z_i}$$

$$t_i = \frac{Q_i H_i}{R_i Z_i} = \frac{P_i}{R_i Z_i}$$

式中　t_i——某施工过程的流水节拍;

　　　Q_i——某施工过程在某施工段上的工程量或工作量;

　　　S_i——某施工队的计划产量定额;

H_i——某施工队的计划时间定额；

P_i——在某一施工段上完成某施工任务所需的劳动量或机械台班数量；

R_i——某施工过程所投入的人工数或机械台数；

Z_i——专业工作队的工作班次。

②工期倒排法。对必须在规定日期完成的工程项目，可采用倒排进度法。

③经验估算法。根据以往的施工经验估算出流水节拍的最长、最短和正常 3 种时间，据此求出期望时间值作为某专业工作队在某施工段上的流水节拍。按下面公式计算：

$$t_i = \frac{a + 4c + b}{6}$$

式中 t_i——某施工过程在某施工段上的流水节拍；

a——某施工过程在某施工段上的最短估算时间；

b——某施工过程在某施工段上的最长估算时间；

c——某施工过程在某施工段上的正常估算时间。

（2）流水步距

流水步距（$K_{i,i+1}$）是指相邻两个施工过程的施工队组先后进入同一施工段开始施工的时间间隔，用符号 $K_{i,i+1}$ 表示（i 表示前一个施工过程，$i+1$ 表示后一个施工过程）。

确定流水步距应考虑以下因素：

①各施工过程按各自流水速度施工，始终保持工艺先后顺序。

②各施工过程的专业队投入施工后尽可能保持连续作业。

③相邻两个专业队在满足连续施工的条件下，能最大限度地实现合理搭接。

（3）间歇时间

间歇时间（t_j）组织流水施工时，由于施工过程之间的工艺或组织上的需要，必须要停留的时间间隔，包括技术间歇时间和组织间隔时间。

①技术间歇时间。技术间歇时间是指由于施工工艺或质量保证的要求，在相邻两个施工过程之间必须留有的时间间隔。例如，钢筋混凝土的养护、路面找平干燥等。

②组织间歇时间。组织间歇时间是指由于技术组织原因，在相邻两个施工过程中留有的时间间隔，称为组织间歇时间。例如，基础工程的验收、浇筑混凝土之前检查钢筋和预埋件并作记录等。

（4）搭接时间 t_d

当上一施工过程为下一施工过程提供了足够的工作面，下一施工过程可提前进入该段施工，即为搭接施工。搭接施工的时间即为搭接时间。搭接施工可使工期缩短，应多合理采用。

（5）流水工期

流水工期（T）是指完成一项工程任务或一个流水组施工所需的时间。由于一项市政工程往往包含有许多流水组，故流水施工工期一般均不是整个工程的总工期。

$$T = \sum K_{i,i+1} + \sum T_n \qquad (3.2)$$

式中　T—— 流水施工的工期；

　　　$\sum T_n$—— 最后一个施工过程在各个施工段的持续时间之和；

　　　$\sum K_{i,i+1}$—— 所有流水步距之和。

4. 组织流水施工的条件

①将施工对象的建造过程分成若干个施工过程，每个施工过程分别由专业施工队负责完成。

②施工对象的工程量能划分成劳动量大致相等的施工段(区)。

③能确定各专业施工队在各施工段内的工作持续时间(流水节拍)。

④各专业施工队能连续地由一个施工段转移到另一个施工段，直至完成同类工作。

⑤不同专业施工队之间完成施工过程的时间应适度搭接、保证连续(确定流水步距)，这是流水施工的显著的特点。

任务2　流水施工的组织方式

任务目标：

1. 熟悉流水施工的类型。

2. 掌握流水施工工期的计算。

3. 具备绘制横道图的能力。

知识模块：

流水施工的特点是综合依次施工和平行施工的优点，实现连续施工。在流水施工中体现了中华传统文化中的"中庸思想"和新时代的科学精神。火神山、雷神山医院建设就是流水施工中的典范，让世界人民看到了"中国建设速度"，工程建设者在危难之际，挺身而出，为国奉献，用专业所学报效国家。

流水施工的方式根据流水施工节拍是否相同，可分为无节奏流水和有节奏流水两大类，如图3.7所示。

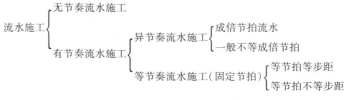

图 3.7　流水施工的分类

1. 有节奏流水施工

等节奏流水也称全等节拍流水,指同一施工过程在各施工段上的流水节拍都完全相等,并且不同施工过程之间的流水节拍也相等。它是一种最理想的流水施工组织方式,分为等节拍等步距流水和等节拍不等步距流水。

等节拍流水施工

(1)等节拍等步距流水

等节拍等步距流水施工是指所有过程流水节拍均相等,不同施工过程之间的流水节拍也相等,且流水节拍等于流水步距的一种流水施工方式。即 $t_i = K_i$,$K_{i,i+1} = t = K$。

①流水节拍的确定:$t = t_i = $ 常数。

②流水步距的确定:

$$K_{i,i+1} = 节拍(t) = 常数 \tag{3.3}$$

③流水工期的计算

$$因为 T = \sum K_{i,i+1} + \sum T_n$$

$$\sum K_{i,i+1} = (n-1)t$$

$$T_n = mt$$

$$所以 T = (n-1)t + mt \tag{3.4}$$

【例 3.2】　某分部工程由 4 个分项工程组成,划分为挖土、垫层、基础、回填土 4 个施工过程,流水节拍均为 4 d,过程之间无技术、组织间歇时间。试确定流水步距,计算工期并绘制流水施工进度表。

【解】　由已知条件可知,宜组织等节拍等步距流水。

进度分析图如图 3.8 所示。

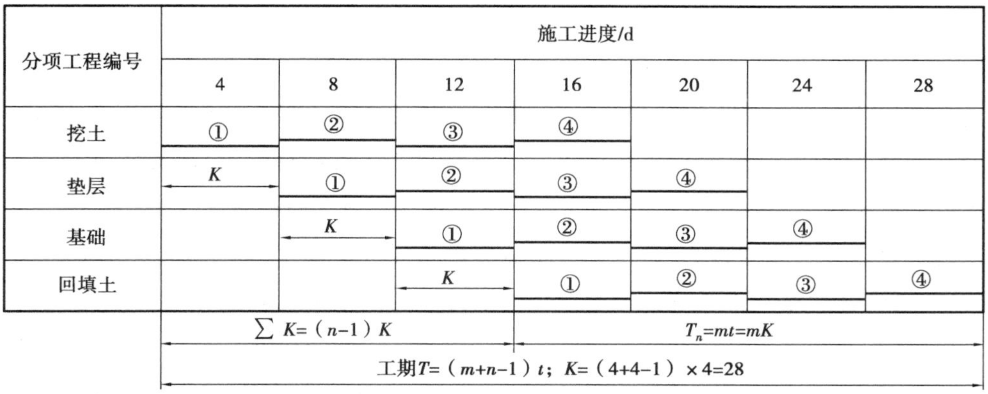

分项工程编号	施工进度/d						
	4	8	12	16	20	24	28
挖土	①	②	③	④			
垫层	K	①	②	③	④		
基础		K	①	②	③	④	
回填土			K	①	②	③	④
	$\sum K = (n-1)K$			$T_n = mt = mK$			
	工期 $T = (m+n-1)t$;$K = (4+4-1) \times 4 = 28$						

图 3.8　进度分析图

①确定流水步距。由全等节拍流水的特点可知:$K = t = 4$(d)

②计算工期。$T = (m+n-1)$；$T = (4+4-1) \times 4 = 28(\text{d})$

③用横道图绘制流水施工进度计划(图3.9)。

分项工程编号	施工进度/d						
	4	8	12	16	20	24	28
挖土	①	②	③	④			
垫层	$\xleftarrow{K}$	①	②	③	④		
基础		$\xleftarrow{K}$	①	②	③	④	
回填土			$\xleftarrow{K}$	①	②	③	④

图3.9 等节拍等步距流水施工进度计划

(2)等节拍不等步距流水

等节拍不等步距流水施工是指同一施工过程在各阶段上的流水节拍均相等,不同施工过程之间的流水节拍也相等,但各个施工过程之间存在间歇时间和搭接时间的一种流水施工方式。

①流水节拍的确定:$t = t_i = $ 常数。

②流水步距的确定:

$$K_{i,i+1} = t + t_j - t_d$$

③流水工期的计算:

$$\text{因为} \ T = \sum K_{i,i+1} + \sum T_n$$

$$\sum K_{i,i+1} = (n-1)t + \sum t_j - \sum t_d$$

$$T_n = mt$$

$$\text{所以} \ T = (n+m-1)t + \sum t_j - \sum t_d \tag{3.5}$$

式中　t_j——表示相邻施工过程之间的间歇时间;

t_d——表示相邻施工过程之间的搭接时间。

【例3.3】 某分部工程划分为A、B、C、D 4个施工过程,每个施工过程划分为3个施工段,其流水节拍均为4 d,其中施工过程A与B之间有2 d的搭接时间,施工过程C与D之间有1天的间歇时间。试组织等节奏流水,绘制进度计划并计算流水施工工期。

【解】 由已知条件可知,宜组织等节拍不等步距流水施工。

(1)确定流水步距。由等节拍不等步距流水的特点知:$K = t = 3(\text{d})$

(2)计算工期。

$$T = (n+m-1)t + \sum t_j - \sum t_d = (4+3-1) \times 4 + 1 - 2 = 23(\text{d})$$

(3)用横道图绘制流水施工进度计划(图3.10)。

施工过程	施工进度/d																						
	1	2	3	4	5	6	7	8	9	10	11	12	13	14	15	16	17	18	19	20	21	22	23
A																							
B		t																					
C																							
D											t												

图 3.10　等节拍不等步距流水施工进度计划

等节拍等步距流水和等节拍不等步距流水的共性为同一施工过程在各施工段上的流水节拍都相等,且不同施工过程之间的流水节拍也相等,即 t 为常数。区别在于等节拍等步距流水相邻两个施工过程之间无间歇时间($t_j = 0$),也无搭接时间($t_d = 0$),即 $t_j = t_d = 0$;等节拍不等步距流水则各施工过程之间,有间歇时间或搭接时间,即 $t_j \neq 0$ 或 $t_d \neq 0$。

等节奏流水施工一般适用于工程规模较小,工程结构比较简单,施工过程不多的构筑物。常用于组织一个分部工程的流水施工,不适用于单位工程,特别是大型的建筑群。因此,实际应用范围不是很广泛。

2. 异节奏流水

异节奏流水是指各施工过程的流水节拍都相等,不同施工过程之间的流水节拍不一定相等的一种流水施工方式。该流水方式根据各施工过程的流水节拍是否为整数倍(或公约数)关系可以分为成倍节拍流水和不等节拍流水两种。

1)成倍节拍流水

同一施工过程在各施工段上的流水节拍都相等,不同施工过程之间的流水节拍不完全相等,但各施工过程的流水节拍均为最小流水节拍的整数倍或节拍之间存在最大公约数的流水施工方式。

成倍节奏流水施工

为了充分利用工作面,加快施工进度,流水节拍大的施工过程应相应增加队组数,每个施工过程所需施工队组数可由下式确定:

$$b_i = \frac{t_i}{t_{min}}$$

式中　b_i——某施工过程所需施工队组数;

　　　t_i——某施工过程的流水节拍;

　　　t_{min}——所有流水节拍中的最小流水节拍。

对于成倍节拍流水施工,任何两个相邻施工队组之间的流水步距均等于所有流水节拍中

的最小流水节拍,即

$$K_{i,i+1} = t_{\min} \tag{3.6}$$

成倍节拍流水的工期,可按下式计算:

$$T = (n' + m - 1)t_{\min} + \sum t_j - \sum t_d \tag{3.7}$$

式中　　n'——施工队组总数目,$n' = \sum b_i$。

【例3.4】　某项目由 A、B、C 3 个施工过程组成,流水节拍分别为 2 d、6 d、4 d,试组织成倍节拍流水施工。

【解】　由已知条件知,组织成倍节拍流水施工。

①确定流水步距。$K = t_{\min} =$ 最大公约数$\{2,6,4\} = 2$(d)

②求专业工作队数:

A 过程班组数为 $b_1 = 2/2 = 1$(个)

B 过程班组数为 $b_2 = 6/2 = 3$(个)

C 过程班组数为 $b_3 = 4/2 = 2$(个)

$$n' = \sum b_i = 1 + 3 + 2 = 6(个)$$

③求施工段数:为了使各专业工作队都能连续有节奏工作,取 $m = n' = 6$ 段。

④计算工期:$T = (m + n' - 1) \times K = (6 + 6 - 1) \times 2 = 22$(d)

⑤用横道图绘制流水施工进度(图3.11)。

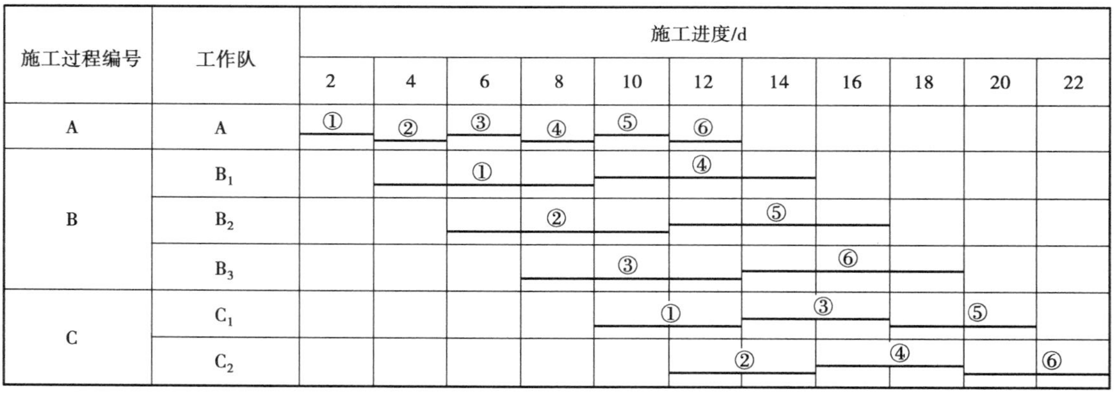

施工过程编号	工作队	施工进度/d										
		2	4	6	8	10	12	14	16	18	20	22
A	A	①	②	③	④	⑤	⑥					
B	B₁			①			④					
	B₂				②			⑤				
	B₃					③			⑥			
C	C₁						①		③		⑤	
	C₂							②		④		⑥

图3.11　成倍节拍流水施工进度计划

2)不等节拍流水

不等节拍流水是指同一施工过程在各施工段的流水节拍相等,不同施工过程之间的流水节拍既不相等也不成倍的流水施工方式。

成倍节拍流水属于不等节拍流水中的一种特殊的形式。在节拍具备成倍节拍特征情况下,但又无法按照成倍节拍流水方式增加班组数,则按照一般不等节拍流水组织施工。

（1）根据节拍确定 $K_{i,i+1}$

各相邻施工过程的流水步距确定方法为基本步距计算公式：

$$K_{i,i+1} = \begin{cases} t_i + (t_j - t_d) & (t_i \leq t_{i+1}) \\ mt_i - (m-1)t_{i+1} + (t_j - t_d) & (t_i > t_{i+1}) \end{cases} \tag{3.8}$$

（2）计算流水施工工期 T

$$T = \sum K_{i,i+1} + T_n \tag{3.9}$$

（3）绘制进度计划

【例 3.5】　某工程划分为 A、B、C、D 4 个施工过程，分 3 个施工段组织施工，各施工过程的流水节拍分别为 $t_A = 3$ d，$t_B = 4$ d，$t_C = 5$ d、$t_D = 3$ d；施工过程 B 完成后有 2 d 的技术间歇时间，施工过程 D 与 C 搭接 1 d。试求各施工过程之间的流水步距及该工程的工期，并绘制流水施工进度表。

【解】　①确定流水步距。根据上述条件及公式，各流水步距计算如下：

$t_A < t_B$，$t_j = t_d = 0$；$K_{A,B} = t_A + t_j - t_d = 3 + 0 - 0 = 3$（d）

$t_B < t_C$，$t_j = 2$，$t_d = 0$；$K_{B,C} = t_B + t_j - t_d = 4 + 2 - 0 = 6$（d）

$t_C > t_D$，$t_j = 0$，$t_d = 1$

$K_{CD} = mt_C - (m-1)t_D + t_j - t_d = 3 \times 5 - (3-1) \times 3 + 0 - 1 = 8$（d）

②计算流水工期：

$T = \sum K_{i,i+1} + T_n = (3+6+8) + 3 \times 3 = 26$（d）

③绘制流水施工进度计划（图 3.12）。

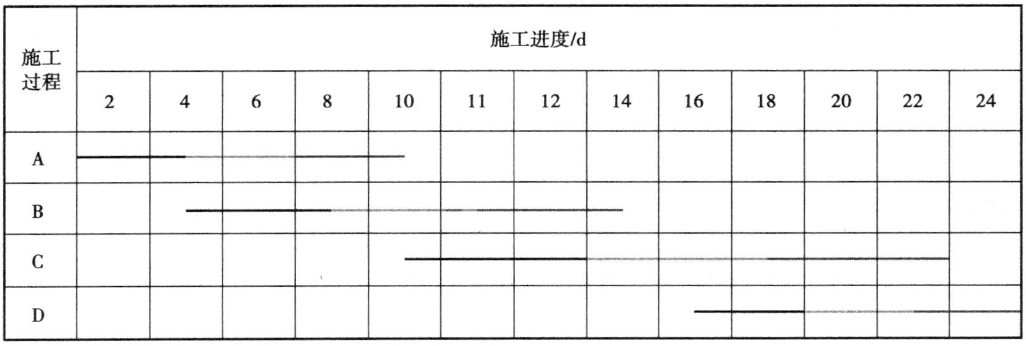

施工过程	施工进度/d											
	2	4	6	8	10	11	12	14	16	18	20	22	24
A												
B												
C												
D												

图 3.12　不等节拍流水施工进度计划

3）成倍节拍流水与不等节拍流水的差别

成倍节拍流水施工方式比较适用于线形工程（管道、道路等）的施工。不等节拍流水施工方式由于条件易满足，符合实际，具有很强的适用性，广泛应用于分部和单位工程流水施工中。组织流水施工时，如果无法按照成倍节拍特征相应增加班组数，每个施工过程只有一个施工班组，也只能按照不等节拍流水组织施工。

3.无节奏流水

无节奏流水施工

无节奏流水施工是指同一施工过程在各施工段上的流水节拍不完全相等的一种流水施工方式。

1)无节奏流水步距的确定

流水步距的确定,按"累加数列错位相减取大差法"计算步距。具体方法如下:
①根据专业工作队在各施工段上的流水节拍求累加数列。
②根据施工顺序,对所求相邻的两累加数列,错位相减。
③取错位相减结果中数值最大者作为相邻专业工作队之间的流水步距。

2)无节奏流水施工工期的计算

$$T = \sum K_{i,i+1} + T_n \tag{3.10}$$

【例3.6】 某分部工程划分为3个施工段,4个施工过程,各过程在各施工段的持续时间见表3.3。试组织流水施工。

表3.3 某工程无节奏流水节拍值

N \ M	I	II	III
A	2	3	1
B	2	1	2
C	4	3	2
D	2	5	3

【解】 ①求流水节拍累加值(表3.4)

表3.4 无节奏流水节拍累加值

N \ M	I	II	III
A	2	5	6
B	2	3	5
C	4	7	9
D	2	7	10

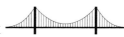

②流水步距的确定。"逐段累加,错位相减取大差"

$$K_{A,B} = \dfrac{\begin{array}{ccc} 2, & 5, & 6 \\ -)\quad 2, & 3, & 5 \\ \hline \max[\,2, & 3, & 3, & -5\,] \end{array}}{} = 3(\mathrm{d})$$

$$K_{B,C} = \dfrac{\begin{array}{ccc} 2, & 3, & 5 \\ -)\quad 4, & 7, & 9 \\ \hline \max[\,2, & -1, & -2, & -9\,] \end{array}}{} = 2(\mathrm{d})$$

同理 $K_{C,D} = 5\ \mathrm{d}$

③流水工期的确定:

$$T = \sum K + T_n = 3 + 2 + 5 + (2 + 5 + 3) = 20(\mathrm{d})$$

④进度计划表的绘制

$K_{A,B} = 3(\mathrm{d})$, $K_{B,C} = 2(\mathrm{d})$

$K_{C,D} = 5(\mathrm{d})$, $T = 20(\mathrm{d})$

无节奏流水施工进度计划如图 3.13 所示。

过程	施工进度/d																			
	1	2	3	4	5	6	7	8	9	10	11	12	13	14	15	16	17	18	19	20
A																				
V																				
C																				
D																				

图 3.13　无节奏流水施工进度计划

3)无节奏流水施工方式的适用范围

无节奏流水施工在进度安排上比较灵活、自由,适用于各种不同结构性质和规模的工程施工组织。

模块小结

本章介绍了市政工程施工常用的施工组织方式概念及其特点,并着重就市政工程流水施工组织的基本概念、施工参数和组织方法进行了详细阐述。

思考与拓展

1.组织施工有哪 3 种方式?各有哪些特点?

2.流水施工有哪些基本参数？简述各自的含义及确定方法。

3.组织流水施工需要哪些条件？

4.流水施工的基本方式有哪几种？各有什么特点？

5.什么是无节奏流水施工？如何确定其流水步距？

实习实作

【工程实例1】 某工程有 A、B、C 3 个施工过程,每个施工过程均划分为 4 个施工段。设 $t_A = 3$ d, $t_B = 5$ d, $t_C = 4$ d。试分别计算依次施工、平行施工及流水施工的工期,并绘制各自的施工进度计划。

【工程实例2】 某项目有 A、B、C、D 4 个施工过程,划分为 4 个施工段。每段流水节拍均为 3 d,在 A 与 B 之间有 2 d 的技术间歇时间,在 B 与 C 之间有 1 d 的搭接时间。试计算工期并绘制施工进度计划。

【工程实例3】 某分部工程包括 A、B、C、D 4 个施工过程,流水节拍分别为 $t_A = 2$ d, $t_B = 6$ d, $t_C = 4$ d, $t_D = 2$ d,分为 4 个施工段,且 A,C 完成后各有 1 d 的技术间歇时间,试组织流水施工。

【工程实例4】 某分部工程包括 A、B、C、D 4 个施工过程,划分为 4 个施工段,流水节拍分别为 $t_A = 3$ d, $t_B = 5$ d, $t_C = 3$ d, $t_D = 4$ d。试组织流水施工。

【工程实例5】 已知各施工过程在各施工段的流水节拍见表 3.5,试组织流水施工。

表 3.5　某工程流水节拍值

施工段 ＼ 施工过程	1	2	3	4
Ⅰ	5	4	2	3
Ⅱ	3	4	5	3
Ⅲ	4	5	3	2
Ⅳ	3	5	4	3

模块 4 网络计划技术

某工程项目为地下三层钢筋混凝土框架结构,采用盖挖逆作法施工。车站围护结构采用连续墙的支护形式。工期要求紧,施工方工程进度压力大。如果盲目赶工,难免会出现质量问题、安全问题以及增加施工成本。因此要使工程项目保质、保量、按期完成,就应进行科学的进度管理。

任务 1 认识网络计划技术

任务目标:

1. 了解双代号、单代号网络图的基本形式。

2. 掌握双代号网络图的基本要素。

3. 具备识读网络图的基本能力。

知识模块:

通过本章的学习掌握网络图的识别、绘制、计算网络计划时间参数,优化网络计划,学会实际进度与计划进度的比较方法,达到掌握、控制工程进度的目标。实现目标离不开从业者对待工作的态度和工作作风。在工作态度方面需要做到严谨、审慎、负责、客观、公正、科学、求实;在工作作风方面需要做到执着专注、精益求精、一丝不苟、追求卓越。

1. 网络图

网络计划的表达形式是网络图。网络图是指由箭线和节点组成的、用来表示工作流程的有向、有序的网状图形。在网络图中,按节点和箭线所代表的含义不同,分为双代号网络图和单代号网络图。

网络计划的分类

1) 双代号网络图

双代号网络图是以箭线及其两端节点的编号表示工作的网络图,即用两个节点一根箭线代表一项工作,且仅代表一项工作。工作名称写在箭线上面,工作持续时间写在箭线下面,在箭线前后的衔接处画上节点、编上号码,并以节点编号 i 和 j 代表一项工作名称,如图4.1所示。

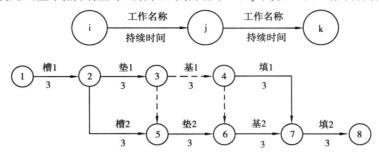

图4.1　双代号网络图

2)单代号网络图

用一个节点及其编号表示一项工作,用箭线表示工作之间的逻辑关系的网络图称为单代号网络图,工作名称、持续时间和工作代号均标注在节点内,如图4.2所示。

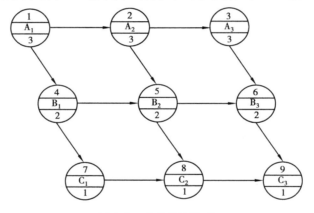

图4.2　单代号网络图

2. 网络图的基本要素

1)双代号网络图的基本要素

(1)箭线(工作)

在双代号网络图中,一条箭线代表一项工作。箭线的方向表示工作的开展方向,箭尾表示工作的开始,箭头表示工作的结束,如图4.3所示。

工作通常分为3种:既消耗时间又消耗资源的工作(如绑扎钢筋);只消耗时间而不消耗资源的工作(如混凝土养护)。这两项工作都是实际存在的,称为实工作,用实箭线表示。还有既不消耗时间又不消耗资源的工作,称为虚工作,仅表示前后工作之间的逻辑关系,用虚箭线表示。

双代号网络计划工
作关系及其表示

图4.3 实工作与虚工作

（2）节点

在双代号网络图中,节点用圆圈"○"表示。它表示一项工作的开始或结束,是工作的连接点。网络计划的第一个节点,称为起点节点,它是整个项目计划的开始节点;网络计划的最后一个节点,称为终点节点,表示一项计划的结束;其余节点称为中间节点。

节点编号的基本规则是:编号顺序由起点节点顺箭线方向至终点节点;要求每一项工作的开始节点号码小于结束节点号码;不重号,不漏编。

（3）线路

在网络图中,由起点节点沿箭线方向经过一系列箭线与节点至终点节点所形成的路线,称为线路,如图4.4所示。

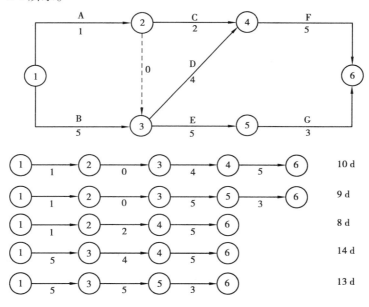

图4.4 双代号网络图线路

在一个网络图中,通常都存在着许多条线路,每条线路都包含若干项工作,这些工作的持续时间之和就是线路总的工作持续时间。在所有线路中,持续时间最长的线路,其对整个工程的完工起着决定性作用,称为关键线路,其余线路称为非关键线路。关键线路的持续时间即为该项计划的工期。关键线路宜用粗箭线、双箭线或彩色箭线标注,以突出其在网络计划中的重要位置,如图4.5所示。

位于关键线路上的工作称为关键工作,其余工作称为非关键工作。

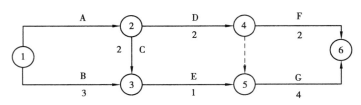

图 4.5　双代号网络关键线路

2）单代号网络图的基本要素

（1）箭线

单代号网络图中的箭线表示相邻工作间的逻辑关系。在单代号网络图中只有实箭线，没有虚箭线。

（2）节点

单代号网络图的节点表示工作，一般用圆圈或方框表示。工作的名称、持续时间及工作的代号标注于节点内，如图 4.6 所示。单代号节点编号的原则与双代号相同。

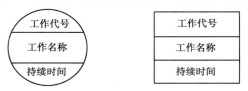

图 4.6　单代号网络图工作表示方法

（3）线路

与双代号网络图中线路的含义相同。

3. 网络图中工作间的关系

网络图中工作间有紧前工作、紧后工作和平行工作 3 种关系，如图 4.7 所示。

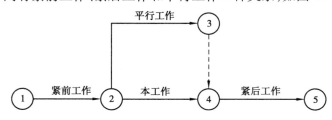

图 4.7　网络图各工作逻辑关系示意图

1）紧前工作

紧排在本工作之前的工作称为本工作的紧前工作。

2）紧后工作

紧排在本工作之后的工作称为本工作的紧后工作。本工作和紧后工作之间可能有虚工作。

3）平行工作

可与本工作同时进行的工作称为本工作的平行工作。

任务2　网络图的绘制

任务目标：

1.掌握双代号网络图的绘制。

2.熟悉单代号网络图的绘制。

3.具备绘制双代号网络图的能力。

知识模块：

网络计划技术是现代生产管理中常用的定量分析方法，在市政工程施工进度管理、工期控制等方面运用较为广泛。厘清工序间的逻辑关系，绘制正确的网络图，比较双代号与单代号网络图的异同，将是我们将要学习的内容。

1.双代号网络图的绘制

1）双代号网络图逻辑关系的表达方法

逻辑关系是指网络计划中各项工作客观存在的一种先后顺序关系，是相互依赖、相互制约的关系。逻辑关系又分为工艺逻辑关系和组织逻辑关系，其中工艺逻辑关系是由生产工艺客观上所决定的各项工作之间的先后顺序关系；组织逻辑关系是在生产组织安排中，考虑劳动力、机具、材料或工期的影响，在各项工作之间主观上安排的先后顺序关系，具体见表4.1。

图4.1　双代号网络图逻辑关系表

序号	工作间的逻辑关系	网络图中的表达方法	说明
1	A 工作完成后进行 B 工作	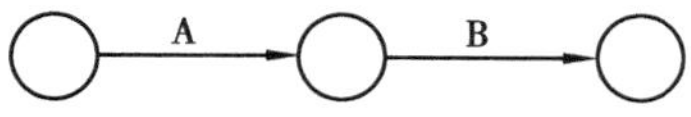 A→B	A 工作的结束节点是 B 工作的开始节点
2	A、B、C 3 项工作同时开始	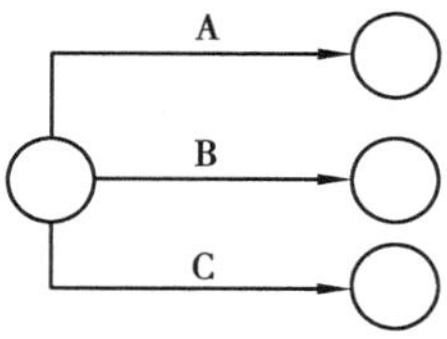 A B C	3 项工作具有共同的开始节点

续表

序号	工作间的逻辑关系	网络图中的表达方法	说明
3	A、B、C 3 项工作同时结束		3 项工作具有共同的结束节点
4	A 工作完成后进行 B 和 C 工作		A 工作的结束节点是 B、C 工作的开始节点
5	A、B 工作完成后进行 C 工作		A、B 工作的结束节点是 C 工作的开始节点

2）双代号网络图的绘制原则

①在一个网络图中，应只有一个起点节点和一个终点节点，如图 4.8 所示。

②网络图中不允许出现循环回路，如图 4.9 所示。

③在网络图中不允许出现没有箭尾节点和没有箭头节点的箭线。

④在网络图中不允许出现带有双向箭头或无箭头的连线，如图 4.10 所示。

绘制双代号网络计划图的基本规则

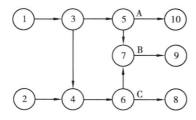

图 4.8 多个起点和终点节点的双代号网络图

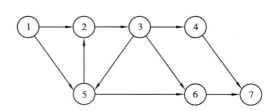

图 4.9 循环的双代号网络图

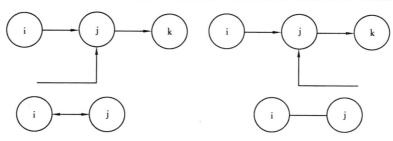

图4.10 双代号网络图错误画法

⑤应尽量避免箭线交叉。当交叉不可避免时,可采用过桥法、断线法等方法表示,如图4.11所示。

⑥当网络图的起点节点有多条外向箭线或终点节点有多条内向箭线时,为使图形简洁,可用母线法绘制,如图4.12所示。

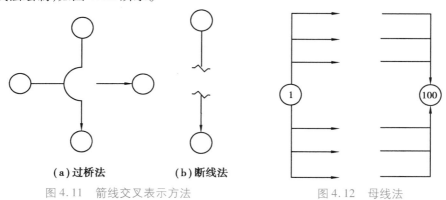

（a）过桥法　　　　（b）断线法

图4.11 箭线交叉表示方法　　　　图4.12 母线法

3)绘制双代号网络图应注意的问题

①网络图布局要规整,层次清楚,重点突出。尽量采用水平箭线和垂直箭线,少用斜箭线,避免交叉箭线。

②减少网络图中不必要的虚箭线和节点,如图4.13、图4.14所示。

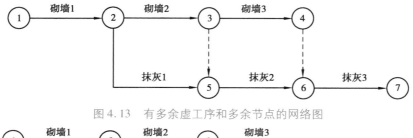

图4.13 有多余虚工序和多余节点的网络图

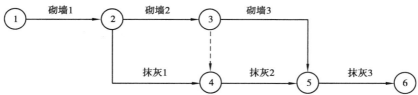

图4.14 去掉多余虚工序和多余节点的网络图

【例4.1】 请根据某工程工作逻辑联系表(表4.2)绘制双代号网络图。

表4.2 某工程工作逻辑联系表

工作名称	A	B	C	D	E	F
紧前工作	—	A	A	B	B,C	D,E

【解】 以表4.2中给出的工作逻辑联系为例,说明绘制网络图的方法:

①由起点节点画出 A 工作,如图4.15(a)所示。

②由表4.2可知,B,C 工作都只有一项紧前工作 A,所以可以从 A 工作的结束节点直接引出 B,C 两项工作,如图4.15(b)所示。

③由表4.2可知,D 工作只有一项紧前工作 B,故可以直接从 B 工作结束节点引出 D 工作;E 工作有两项紧前工作 B,C,分别从 B,C 两项工作的结束节点,引出两项虚工作,并交汇一个新节点,然后从这一新节点引出 E 工作,如图4.15(c)所示。

④按与③中类似的方法把 F 工作标画出,如图4.15(d)所示。参照工作明细表,图4.15(d)所示网络图就是所标画的网络草图。

⑤去掉多余虚工作,并对网络进行整理。从图4.15(d)中去掉多余的虚工作并略加整理后,变为图4.15(e)所示图形。

⑥节点编号。节点编号的原则:从左到右,从上到下,遵循箭尾节点小于箭头节点编号的原则,如图4.15(f)所示。

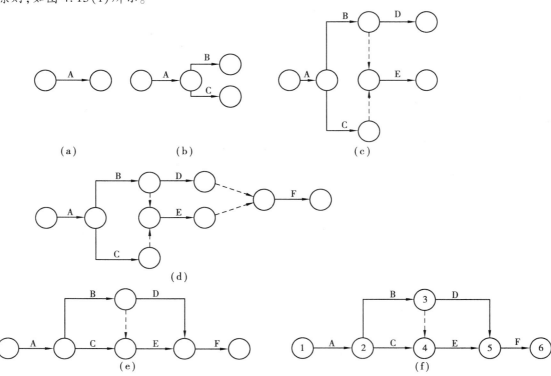

(a)　　　　　　　　(b)　　　　　　　　　　　(c)

(d)

(e)　　　　　　　　　　　　　(f)

图4.15 网络绘制过程图例

2.单代号网络图的绘制

1)单代号网络图的绘制规则

①单代号网络图必须正确表述已定的逻辑关系。

②在单代号网络图中,严禁出现循环回路。

③在单代号网络图中,严禁出现双向箭头或无箭头的连线。

流水施工网络图的绘制　绘制单代号网络图

④在单代号网络图中,严禁出现没有箭尾节点的箭线和没有箭头节点的箭线。

⑤绘制单代号网络图时,箭线不宜交叉。当交叉不可避免时,可采用过桥法和指向法绘制。

⑥单代号网络图中只应有一个起点节点和一个终点节点;当网络图中有多项起点节点或多项终点节点时,应在网络图的两端分别设置一项虚工作,作为该网络图的起点节点(St)和终点节点(Fin)。

2)单代号网络图的绘制方法

单代号网络图的绘制与双代号网络图的绘制基本相同,其绘制步骤如下所述。

(1)列出工作明细表

根据工程计划把工程细分为工作,并把各工作在工艺上,组织上的逻辑关系用紧前工作、紧后工作代替。

(2)根据工作间各种关系绘制网络图

绘图时,要从左向右逐个处理工作明细表中所给的关系。只有当紧前工作绘制完成后,才能绘制本工作,并使本工作与紧前工作的箭线相连。当出现多个"起点节点"或"终点节点"时,增加虚拟起点节点或终点节点,并使之与多个"起点节点"或"终点节点"相连,形成符合绘图规则的完整网络图。

当网络图中出现多项没有紧前工作的工作节点和多项没有紧后工作的工作节点时,应在网络图的两端分别设置虚拟的起点节点和虚拟的终点节点,如图4.16所示。

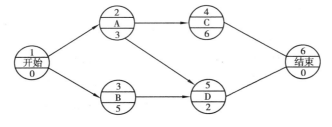

图 4.16　单代号网络图

任务3 网络计划时间参数的计算

任务目标：

1.掌握双代号网络计划时间参数的计算。

2.具备双代号网络计划时间参数计算的能力。

知识模块：

时间就是金钱,效益就是生命。这十年,中国速度一次次惊羡世界。9小时改造一座火车站;221天完成港珠澳大桥岛隧工程;短短5年建成投用的全球最大单体航站楼北京大兴国际机场……多领域齐头并进的高速发展,创造出无数个突飞猛进、日新月异的中国奇迹。创造中国奇迹,跑出中国速度最核心的密码,就是坚持和加强党的全面领导。习近平总书记强调:"办好中国的事情,关键在党。"党的二十大报告指出:"中国特色社会主义最本质的特征是中国共产党领导,中国特色社会主义制度的最大优势是中国共产党领导。"正是因为党总揽全局、协调各方,我们才能集中力量办大事。正是因为党强大的政治领导力、思想引领力、社会号召力和群众动员力,才能带领中国人民创造出一个又一个奇迹。

1.双代号网络计划时间参数的计算

1)时间参数的概念及符号

（1）工作的持续时间（D_{i-j}）

双代号网络图工作
时间参数计算

D_{i-j}表示一项工作从开始到完成的时间。

（2）工期

工期是指完成一项任务所需的时间,一般有下述3种工期。

①计算工期:根据时间参数计算所得到的工期,用T_c表示。

②要求工期:任务委托人提出的指令性工期,用T_r表示。

③计划工期:考虑要求工期和计算工期所确定的作为实施目标的工期,用T_p表示。

当规定了要求工期时:$T_p \leq T_r$

当未规定要求工期时:$T_p = T_c$

（3）网络计划中工作的时间参数

①工作的最早开始时间（ES_{i-j}）:各紧前工作全部完成后,本工作有可能开始的最早时刻。

②工作的最早完成时间（EF_{i-j}）:各紧前工作全部完成后,本工作有可能完成的最早时刻。

③工作的最迟开始时间（LS_{i-j}）:不影响整个任务按期完成的前提下,工作必须开始的最迟时刻。

④工作的最迟完成时间（LF_{i-j}）:在不影响整个任务按期完成的前提下,工作必须完成的

最迟时刻。

⑤时差:可以提前或延缓某项工作,而不影响其他工作或总进度的时间,称为该项工作的时差。没有时差的工作称为关键工作。

⑥自由时差(FF_{i-j}):指本工作利用的机动时间,不影响其紧后工作最早开始的时差,称为自由时差。

⑦总时差(TF_{i-j}):本工作可利用的机动时间,不影响总进度(其他工作)的时差,称为总时差。

2)计算网络图各时间参数

计算双代号网络图的时间参数的方法有节点计算法、工作计算法、图上计算法和标号法等,本章介绍工作计算法。

工作计算法是以网络计划中的工作为对象,直接计算各项工作的时间参数。其常采用的时间标注形式及每个参数的位置如图4.17所示。

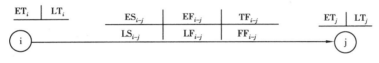

图4.17　双代号网络图时间参数标注形式

节点参数计算

【例4.2】　某双代号网络计划如图4.18所示,试用工作计算法进行时间参数的计算。

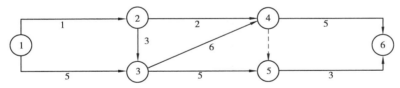

图4.18　双代号网络图

【解】　①计算工作的最早开始时间和最早完成时间,如图4.19所示。

从起点节点开始,顺着箭头方向依次进行。

a.以起点节点为开始节点的工作,当未规定最早开始时间时,最早开始时间为零。

b.最早完成时间=最早开始时间+该工作的持续时间。

c.其他工作的最早开始时间等于其紧前工作最早完成时间的最大值。

d.计算工期等于以终点节点为完成节点的工作的最早完成时间的最大值。

②确定网络计划的计划工期。当未规定要求工期时:$T_p = T_c$。

③计算最迟完成时间和最迟开始时间,如图4.20所示。

从网络计划的终点节点开始,逆箭线方向依次进行。

a.以终点节点为完成节点的工作,其最迟完成时间等于网络计划的计划工期。

b. 工作的最迟开始时间 = 最迟完成时间 - 该工作的持续时间。

c. 其他工作的最迟完成时间等于其紧后工作最迟开始时间的最小值。

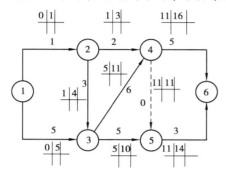

图 4.19　双代号网络图计算过程

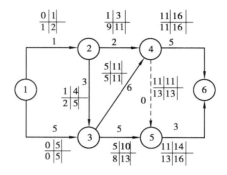

图 4.20　双代号网络图计算过程

④计算工作的总时差。工作的总时差等于该工作最迟完成时间与最早完成时间之差,或该工作最迟开始时间与最早开始时间之差。

⑤计算工作的自由时差(图 4.21)。

a. 无紧后工作的工作,其自由时差等于计划工期与本工作最早完成时间之差。

b. 有紧后工作的工作,其自由时差等于本工作的紧后工作最早开始时间 - 本工作最早完成时间所得之差的最小值。

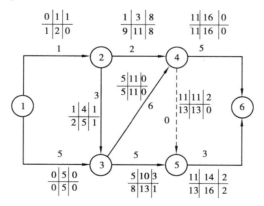

图 4.21　双代号网络图计算结果

⑥确定关键工作和关键线路。总时差最小的工作为关键工作,将关键工作首尾相连,得到至少一条从起点到终点的线路,总持续时间最长的线路为关键线路。

2. 单代号网络计划时间参数的计算

【例 4.3】　已知网络计划如图 4.22 所示,试用图上计算法计算各项工作的 6 个时间参数,并确定工期,标出关键线路,如图 4.23 所示。

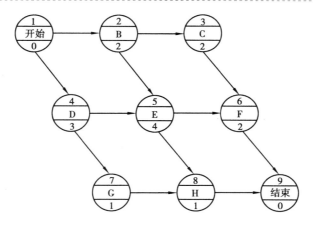

图4.22 某工程单代号网络图

【解】 ①计算工作的最早可能开始和完成时间。

②计算工作的最迟开始和完成时间。

③计算工作的总时差,标出关键线路。

④计算工作的自由时差。

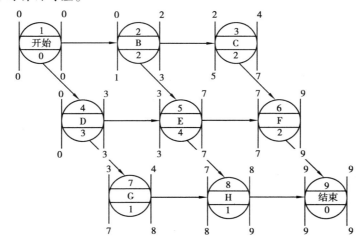

图4.23 单代号网络图计算结果

任务4 双代号时间坐标网络计划

任务目标:

1.了解时标网络计划的一般规定。

2.掌握时标网络计划的绘制方法。

3.具备绘制双代号时标网络计划的能力。

知识模块:

双代号时标网络计划是网络计划的一种表现形式,以时间坐标为尺

绘制双代号时标网络图

度编制的网络计划,如图4.24所示。在双代号时标网络计划中,箭线长短和所在位置表示工作的时间进程。根据表达工序时间含义的不同可分为早时标网络计划和迟时标网络计划。

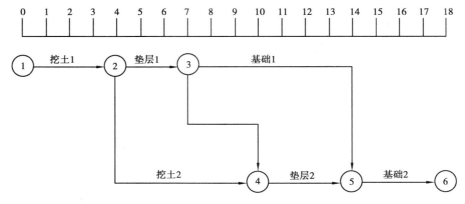

图4.24 时标网络计划

1.时标网络计划的一般规定

①时标网络计划必须以水平的时间坐标为尺度表示工作时间。时标的单位应该在编制网络计划前根据需要确定,可以是时、天、周、月、季。

②时标网络计划以实箭线表示实工作,虚箭线表示虚工作,以波形线表示工作的自由时差。

③时标网络计划中所有符号在时间坐标上的水平投影都必须与其时间参数相对应,节点中心必须对准相应的时间位置。

④虚工作必须以垂直方向的虚箭线表示,有时差时加波形线表示。

2.时标网络计划的绘制方法

绘制时标网络计划的方法有两种,即直接法绘制和间接法绘制,本书介绍采用间接法绘制早时标网络计划。

其绘制步骤如下:

①绘制无时标网络计划草图,计算时间参数(节点参数),确定关键工作和关键线路。

②绘制时间坐标;以 T 为依据。

③根据网络图中各节点的最早时间,从起点节点开始将各节点逐个定位在时间坐标上。

④从节点依次向外绘出箭线。箭线最好画成水平或由水平线和竖直线组成的折线箭线。如箭线画成斜线,则以其水平投影长度为其持续时间。如箭线长度不够则应与该工作的结束节点直接相连,用波形线从箭线端部画至结束节点处。波形线的水平投影长度即为该工作的

时差。

　　⑤用虚箭线连接工艺和组织逻辑关系。在时标网络计划中,有时会出现虚线的投影长度不等于零的情况,其水平投影长度为该虚工作与前、后工作的公共时差,可用波形线表示。

　　⑥把时差为零的箭线从起点节点到终点节点连接起来,并用粗箭线或双箭线或彩色箭线表示,即形成时标网络计划的关键线路。

　　【例4.4】　利用间接法绘制时标网络计划,要求将以下无时标网络计划(图4.25)改绘为早时标网络计划。

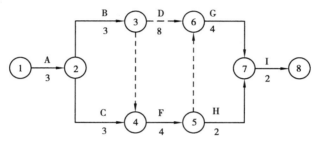

图4.25　无时标网络计划

　　【解】　第一步:计算网络图节点时间参数,如图4.26所示。

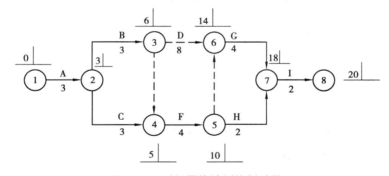

图4.26　时标网络计划绘制过程

第二步:绘制时间坐标网,并在时间坐标网中确定节点位置,如图4.27所示。

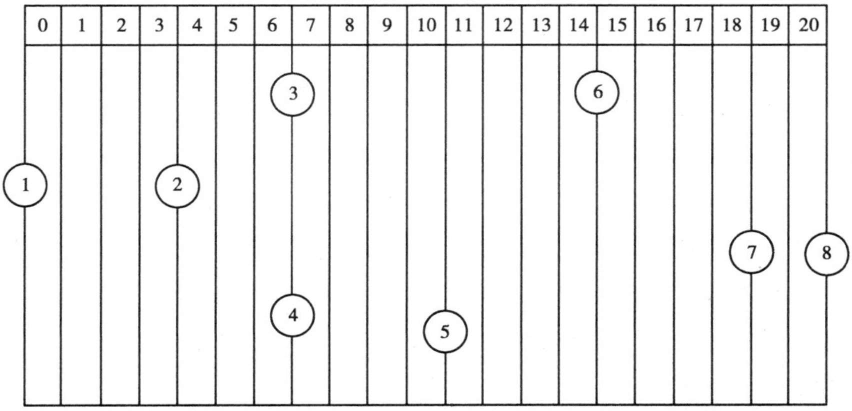

0	1	2	3	4	5	6	7	8	9	10	11	12	13	14	15	16	17	18	19	20

图4.27　时间坐标网

第三步:从节点依次向外引出箭线如图 4.28 所示。

第四步:标明关键线路,如图 4.28 所示。

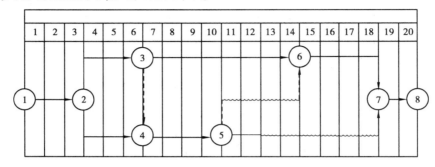

图 4.28　时标网络计划

任务5　网络计划优化

任务目标:

1. 掌握工期优化的方法。

2. 熟悉费用优化和资源优化。

3. 具备进行工期优化的能力。

知识模块:

网络计划的优化,就是在满足既定约束条件下,按选定目标,通过不断改进网络计划而寻求满意方案。

项目管理的三大目标控制就是工期目标、费用目标和质量目标。网络计划的优化,按其优化达到的目标不同,可分为工期优化、费用优化、资源优化3 种。

网络计划优化
（工期优化）

1. 工期优化

工期优化是指网络计划的计算工期不满足要求工期时,通过压缩关键工作的持续时间以满足要求工期目标的过程。

网络计划工期优化的基本方法是在不改变网络计划中各项工作之间逻辑关系的前提下,通过压缩关键工作的持续时间来达到优化目标。在工期优化过程中,按照经济合理的原则,不能将关键工作压缩成非关键工作。此外,当工期优化过程中出现多条关键线路时,必须将各条关键线路的总持续时间压缩为相同数值;否则将不能有效地缩短工期。

工期优化的步骤如下:

①计算并找出初始网络计划的关键线路和关键工作。

②按要求工期计算应缩短的时间 ΔT

$$\Delta T = T_c - T_r$$

式中　T_c——网络计划的计算工期；

　　　T_r——要求工期。

③确定各关键工作能缩短的持续时间,按以下因素考虑要压缩的关键工作:

a.缩短持续时间后对质量和安全影响不大的关键工作。

b.有充足备用资源的关键工作。

c.缩短持续时间需增加费用最少的关键工作。

④将所选定的关键工作的持续时间压缩至最短,并重新确定计算工期和关键线路。若被压缩的工作变成非关键工作,则应延长其持续时间,使之仍为关键工作。

⑤当计算工期仍超过要求工期时,则重复上述步骤②~④,直至计算工期满足要求工期或计算工期已不能再压缩为止。

⑥当所有关键工作的持续时间都已达到其能缩短的极限而寻求不到继续缩短工期的方案,但网络计划的计算工期仍不能满足要求工期时,应对网络计划的原技术方案、组织方案进行调整,或对要求工期重新审定。

【例4.5】　已知某网络计划如图4.29所示。图中箭线下方括号外数据为工作正常持续时间,括号内数据为工作最短持续时间。假定要求工期为20 d,试对该原始网络计划进行工期优化。

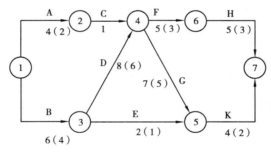

图 4.29　某工程网络计划

【解】　①找出网络计划的关键线路、关键工作,确定计算工期。

如图 4.30 所示。关键线路:①→③→④→⑤→⑦　　　$T=25(d)$

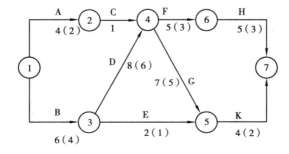

图 4.30　网络计划的关键线路、关键工作

②计算初始网络计划需缩短的时间 $t=25-20=5$ d。

③确定各项工作可能压缩的时间。

①→③工作可压缩 2 d；③→④工作可压缩 2 d；

④→⑤工作可压缩 2 d；⑤→⑦工作可压缩 2 d。

④选择优先压缩的关键工作。

考虑优先压缩条件，首先选择⑤→⑦工作，因其备用资源充足，且缩短时间对质量无太大影响。

⑤→⑦工作可压缩 2 d，但压缩 2 d 后，①→③→④→⑥→⑦线路成为关键线路，⑤→⑦工作变成非关键工作。为保证压缩的有效性，⑤→⑦工作压缩 1 d。此时关键工作有两条，工期为 24 d，如图 4.31 所示。

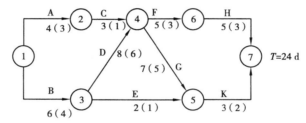

图 4.31　优先压缩⑤→⑦工作

按要求工期尚需压缩 4 d，根据压缩条件，选择①→③工作和③→④工作进行压缩。分别压缩至最短工作时间，如图 4.32 所示，关键线路仍为两条，工期为 20 d，满足要求，优化完毕。

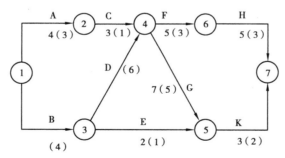

图 4.32　工期优化后的网络图

2. 费用优化

费用优化又称工期成本优化，是指寻求工程总成本最低时的工期安排或按要求工期寻求最低成本的计划安排过程。本书主要讨论总成本最低时的工期安排。

双代号网络图
的优化(费用优化)

1）费用和工期的关系

安装工程费用主要由直接费用和间接费用组成。一般情况下，缩短工期会引起直接费用的增加和间接费用的减少，延长工期则会引起直接费用的减少和间接费的增加。

在考虑工程总费用时，应考虑工期变化带来的诸如拖延工期罚款或者提前竣工而得到的奖励等其他损益，以及提前投产而获得的收益和资金的时间价值。

为了计算方便，可以近似地将直接费用曲线假定为一条直线，通常将缩短单位时间所增加的直接费用称为直接费用率 C_{i-j}

$$\Delta C_{i-j} = \frac{CC_{i-j} - CN_{i-j}}{DN_{i-j} - DC_{i-j}} \tag{4.1}$$

式中　ΔC_{i-j}——i—j 工作的直接费用率；

　　　CC_{i-j}——i—j 工作的最短持续时间的直接费用；

　　　CN_{i-j}——i—j 工作的正常持续时间的直接费用；

　　　DN_{i-j}——i—j 工作的正常持续时间；

　　　DC_{i-j}——i—j 工作的最短持续时间。

总费用和工期的关系曲线如图 4.33 所示，图中总费用曲线上的最低点就是工程计划的最优方案，此方案工程成本最低，其相应的工期称为最优工期。在实际操作中，要达到这一点很困难，在这点附近一定范围内都可算作最优计划。

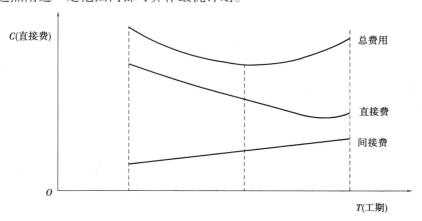

图 4.33　工期—费用关系示意图

2）费用优化的步骤

①按工作正常持续时间画出网络计划、关键工作及关键线路。

②按公式

$$\Delta C_{i-j} = \frac{CC_{i-j} - CN_{i-j}}{DN_{i-j} - DC_{i-j}}$$

计算各项工作的直接费用率 ΔC_{i-j}。

③在网络计划中找出 ΔC_{i-j} 或者组合费用率(当同时缩短几项工作时,几项工作的直接费用率之和,最低的一项或一组且其值小于或者等于工程间接费用率的关键工作作为缩短程序时间的对象,其缩短值必须符合:

(a)不能压缩为非关键工作;

(b)缩短后的持续时间不小于最短持续时间。

④计算缩短后的总费用

$$C^T = C^T + \Delta T_{i-j} - \Delta T_{i-j} \times \text{间接费率}$$

$$C^T + \Delta T_{i-j}(\Delta C_{i-j} - \text{间接费率})$$

⑤重复③、④步,直至总费用最低为止。

【例4.6】 某工程的网络计划如图4.34所示,间接费为1.2千元/天。

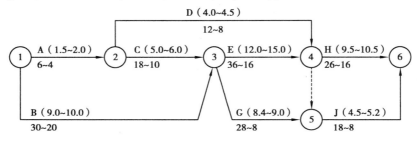

图4.34 某工程的网络计划

【解】 1.按工作正常持续时间计算出关键线路和关键工作以及工期标注于图4.35上。

2.计算各工作费用率标注于图4.35上。

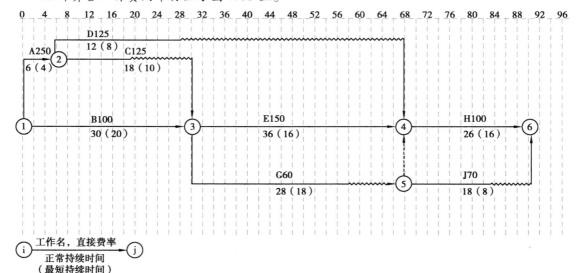

图4.35 工作费用率

3. 计算初始计划工程总费用 CT_{92}。

（1）直接费用 $=1.5+9+5+4+12+8.4+9.5+4.5=53.9$（千元）

（2）间接费用 $92×0.12=11.04$（千元）

（3）总费用 $CT_{92}=53.9+11.04=64.94$（千元）

4. 缩短关键线路上 ΔC 最低的关键工作（如果 $\Delta C \geqslant$ 每天的间接费用，则没有必要进行优化）

（1）压缩 B 工作和 H 工作

$\Delta TH=26-18=8$（18 是 J 工作的持续时间）

$\Delta TB=30-(6+18)=6$（6+18 是 A 和 C 的持续时间之和）

压缩后的网络计划、关键工作、关键线路如图 4.36 所示。

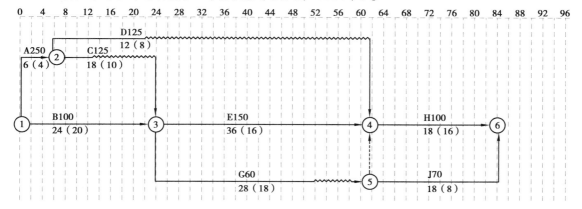

图 4.36　第一次压缩后的网络计划

工期缩短为 $T=78$ d。

压缩后的总费用为 CT_{78}。

①直接费用 $=53.9+8×0.1+6×0.1=55.3$（千元）

②间接费用 $=0.12×78=9.36$（千元）

③总费用 $CT_{78}=55.3+9.36=64.66$（千元）

（2）图 4.36 上关键工作的 ΔC 或组合费用率都比间接费率大时就可以停止压缩。最优工期 $T=78$ d

这里我们不妨继续往下压缩，选择 E 工作压缩 $\Delta TE=8$。

压缩后的网络计划如图 4.37 所示，压缩后的总费用为 CT_{70}。

①直接费用 $=55.3+8×0.15=56.5$（千元）。

②间接费用 $=0.12×70=8.4$（千元）。

③总费用 $CT_{70}=56.5+8.4=64.9$（千元）$>CT_{78}$。

缩短后的总费用，可以看出当 ΔC_{i-j} 小于间接费率时压缩使总费用减少，当 ΔC_{i-j} 大于间接费率时压缩使总费用增加。由此可见压缩进行到所有关键工作的 ΔC_{i-j} 或者组合费用率都大于间接费率时为止。否则，继续压缩的话会使总费用增加。

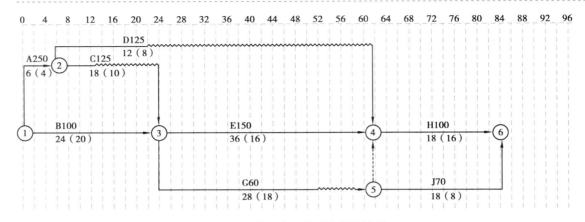

图 4.37　第二次压缩后的网络计划

3. 资源优化

资源是完成一项任务所投入的人力、材料、机械设备、资金等。完成一项工作所需要的资源基本上是不变的,所以资源优化是通过改变工作的开始时间和完成时间使资源均衡。一般情况下网络计划的资源优化分为两种"资源有限—工期最短"和"工期固定—资源均衡"。

资源优化的前提条件是:①不改变网络计划中各工作之间的逻辑关系;②不改变各工作的持续时间;③一般不允许中断工作,除规定可中断的工作之外。

1)"资源有限—工期最短"的优化

(1)优化步骤:

①绘制早时标网络计划,并计算每个单位时间的资源需求量 R_t。

单位时间资源需求量足等于平行的各个工作资源强度之和(各工作的单位时间资源需求量)。

②从计划开始之日起(从网络起始节点开始到网络终点节点),逐个检查每个时间段的资源需求量 R_t 是否超过所能供应的资源限量 R_a,如果出现资源需要量 R_t 超过资源限量 R_a 的情况,则要对资源冲突的诸工作做新的顺序安排,采用的方法是将一项工作排在另一项工作之后开始,选择的标准使工期延长最短。一般调整的次序为先调整时差大的、资源小的(在同一时间中调整工作的资源之和小的)工作。

2)"工期固定—资源均衡"的优化

工期固定—资源均衡是指在保持工期不变的情况下,调整工程施工进度计划,使资源需要量尽可能均衡。这样有利于工程建设的组织与管理,降低工程施工费用。

"工期固定—资源均衡"优化的步骤。

①绘制时标网络计划并计算每天资源需求量。

②确定削峰目标,削峰值等于单位时间需求量的最大值减去一个需求单位。

③从网络终节点开始向网络始节点优化,逐一调整非关键工作(调整关键工作会影响工期),调整的次序为先迟后早,相同时调整时差大的工作,如再相同时调整调整后资源接近平均资源的工作。

④按下列公式确定工作是否调整:

$$R_t + r_{ij} - R_n \le 0$$

⑤绘制调整后的网络计划,并计算单位时间资源需求量。

⑥重复步骤②—⑤,直至峰值不能再调整时为止。

任务6 实际进度与计划进度的比较方法

任务目标:

1.了解横道图比较法。

2.熟悉S曲线比较法。

3.掌握前锋线比较法。

4.具备运用前锋线比较法进行工程进度控制的能力。

知识模块:

实际进度与计划进度的比较是工程进度控制的主要环节。常用的进度比较方法有横道图比较法、S曲线比较法、前锋线比较法。

1.横道图比较法

横道图比较法是将项目实施过程中检查实际进度收集到的数据,经过加工整理后直接用横道线平行于原计划的横道线处,进行实际进度与计划进度的比较方法。分为匀速进展横道图比较法和非匀速进展横道图比较法。

1)匀速进展横道图比较法的判断准则

①粗黑线右端与检查日期线重合,表示实际进度与计划进度一致,如图4.38所示。

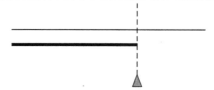

图4.38 粗黑线右端与检查日期线重合

②粗黑线右端位于检查日期线右侧,表示实际进度超前,如图4.39所示。

③粗黑线右端位于检查日期线左侧,表示实际进度拖后,如图4.40所示。

图4.39　粗黑线右端位于检查日期线右侧　　　　图4.40　粗黑线右端位于检查日期线左侧

2)非匀速进展横道图比较法的判断准则

①一般在横道线上方标出计划完成任务量累计百分比,横道线下方标出实际完成任务量累计百分比。

②某一时刻的计划累计百分比大于同一时刻实际累积百分比,表明此时刻实际进度拖后,拖后的任务量为二者之差。

③某一时刻的计划累计百分比小于同一时刻实际累积百分比,表明此时刻实际进度超前,超前的任务量为二者之差。

④某一时刻的计划累计百分比等于同一时刻实际累积百分比,表明此时刻实际进度与计划进度一致。某一时期的计划完成任务量等于该期间开始与完成时刻的计划累计百分比之差;该期间实际完成任务量等于该期间开始与完成时刻的实际累计百分比之差。如果该期间计划与实际完成任务量相等,则该期间的进度正常,否则为不正常,如图4.41所示。

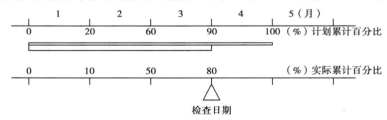

图4.41　非匀速进展横道图比较

2.S曲线比较法

S曲线比较法是以横坐标表示时间,纵坐标表示累计完成任务量,绘制一条按计划时间累计完成任务量的S曲线;然后将工程项目实施过程中各检查时间实际累计完成任务量的S曲线也绘制在同一坐标系中,进行实际进度与计划进度比较的一种方法。利用S曲线法可以比较工作的实际进度与计划进度的差别(图4.42)。

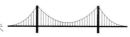

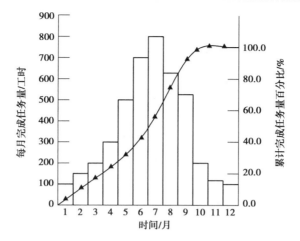

图 4.42 S 曲线图

检查时实际进度点落在计划 S 曲线左侧表示进度超前;实际进度点落在计划 S 曲线右侧表示进度落后;实际进度点落在计划 S 曲线上表示进度正常(图 4.43)。

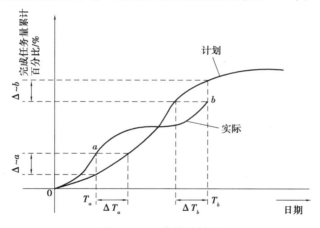

图 4.43 S 曲线比较图

【例 4.7】 如图 4.44 中所给出的第一天完成价值为 200 元,第二天完成价值为 300 元,第三天完成价值为 400 元,则在绘制曲线时,第一天的纵坐标为 200 元,第二天的纵坐标为 500 元,第三天的纵坐标为 900 元,依次类推。

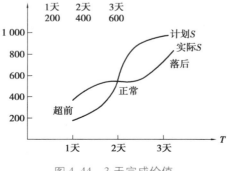

图 4.44 3 天完成价值

73

3. 前锋线比较法

前锋线比较法是通过绘制某检查时刻工程项目实际进度前锋线,进行工程实际进度与计划进度比较的方法,主要适用于时标网络计划。所谓前锋线,是指在原时标网络计划上,从检查时刻的时标点出发,用点画线依此将各项工作实际进展位置点连接而成的折线。前锋线比较法就是通过实际进度前锋线与原进度计划中各工作箭线交点的位置来判断工作实际进度与计划进度的偏差,进而判定该偏差对后续工作及总工期影响程度的一种方法。

采用前锋线比较法进行实际进度与计划进度的比较,其步骤如下:

1)绘制时标网络计划图

工程项目实际进度前锋线是在时标网络计划图上标示,为清楚起见,可在时标网络计划图的上方和下方各设一时间坐标。

2)绘制实际进度前锋线

一般从时标网络计划图上方时间坐标的检查日期开始绘制,依次连接相邻工作的实际进展位置点,最后与时标网络计划图下方坐标的检查日期相连接。

工作实际进展位置点的标定方法有两种。

(1)按该工作已完任务量比例进行标定

假设工程项目中各项工作均为匀速进展,根据实际进度检查时刻该工作已完任务量占其计划完成总任务量的比例,在工作箭线上从左至右按相同的比例标定其实际进展位置点。

(2)按尚需作业时间进行标定

当某些工作的持续时间难以按实物工程量来计算而只能凭经验估算时,可以先估算出检查时刻到该工作全部完成尚需作业的时间,然后在该工作箭线上从右向左逆向标定其实际进展位置点。

3)进行实际进度与计划进度的比较

前锋线可以直观地反映检查日期有关工作实际进度与计划进度之间的关系。对某项工作来说,其实际进度与计划进度之间的关系可能存在以下 3 种情况:

①工作实际进展位置点落在检查日期的左侧,表明该工作实际进度拖后,拖后的时间为二者之差。

②工作实际进展位置点与检查日期重合,表明该工作实际进度与计划进度一致。

③工作实际进展位置点落在检查日期的右侧,表明该工作实际进度超前,超前的时间为二者之差。

4)预测进度偏差对后续工作及总工期的影响

通过实际进度与计划进度的比较确定进度偏差后,还可根据工作的自由时差和总时差预测该进度偏差对后续工作及项目总工期的影响。由此可见,前锋线比较法既适用于工作实际进度与计划进度之间的局部比较,又可分析和预测工程项目整体进度状况。

值得注意的是,以上比较是针对匀速进展的工作。对于非匀速进展的工作,比较方法较复杂,此处不赘述。

【例4.8】　某工程项目时标网络计划如图4.45所示。该计划执行到第6周末检查实际进度时,发现工作A和B已经全部完成,工作D、E分别完成计划任务量的20%和50%,工作C尚需3周完成,试用前锋线法进行实际进度与计划进度的比较。

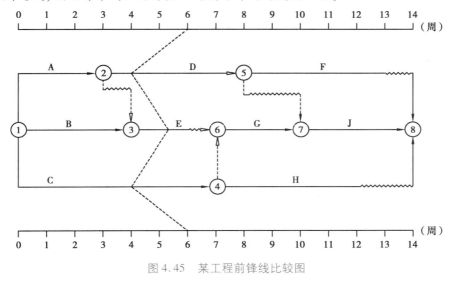

图 4.45　某工程前锋线比较图

【解】　根据第6周末实际进度的检查结果绘制前锋线,如图4.45中点画线所示。通过比较可以看出:

①工作D实际进度拖后2周,将使其后续工作F的最早开始时间推迟2周,并使总工期延长1周。

②工作E实际进度拖后1周,既不影响总工期,也不影响其后续工作的正常进行。

③工作C实际进度拖后2周,将使其后续工作G、H、J的最长开始时间推迟2周。由于工作G、J开始时间的推迟,从而使总工期延长2周。

综上所述,如果不采取措施加快进度,该工程项目的总工期将延长2周。

模块小结

本章主要介绍了网络计划的基本概念、分类及表示方法;网络计划的绘制方法;网络计划时间参数的概念,时间参数的计算,关键线路的确定方法和双代号时标网络计划的编制;网络计划优化的概念和方法。

思考与拓展

1. 什么是网络图? 什么是网络计划?

2. 什么是双代号和单代号网络图?

3. 组成双代号网络图的三要素是什么? 试述各要素的含义和特征。

4. 什么是虚箭线? 它在双代号网络图中起什么作用?

5. 什么是逻辑关系? 网络计划有哪两种逻辑关系? 有何区别?

6. 试述各时差的含义和特点。

7. 什么是线路、关键工作、关键线路?

8. 双代号时标网络计划有何特点?

9. 什么是网络计划优化?

10. 工程实际进度与计划进度的比较方法有哪些? 各有何特点?

11. 实际进度前锋线如何绘制?

实习实作

【工程实例1】 已知工作之间的逻辑关系见表4.3—表4.5,试分别绘制双代号网络图和单代号网络图。

（1）

表4.3 工程实例1(表1)

工作	A	B	C	D	E	G	H
紧前工作	C,D	E,H	—	—	—	D,H	—

（2）

表4.4 工程实例1(表2)

工作	A	B	C	D	E	G
紧前工作	—	—	—	—	B,C,D	A,B,C

（3）

表4.5 工程实例1(表3)

工作	A	B	C	D	E	G	H	I	J
紧前工作	E	H,A	J,G	H,J,A	—	H,A	—	—	E

【工程实例2】 某网络计划的有关资料见表4.6,试绘制双代号网络计划,并在图中标出各项工作的6个时间参数和关键线路。

表4.6 工程实例2 表

工作	A	B	C	D	E	F	G	H	I	J	K
持续时间	22	10	13	8	15	17	15	6	11	12	20
紧前工作	—	—	B,E	A,C,H	—	B,E	E	F,G	F,G	A,C,I,H	F,G

【工程实例3】 某网络计划的有关资料见表4.7,试绘制双代号时标网络计划,并判定各项工作的6个时间参数和关键线路。

表4.7 工程实例3 表

工作	A	B	C	D	E	G	H	I	J	K
持续时间	2	3	5	2	3	3	2	3	6	2
紧前工作	—	A	A	B	B	D	G	E,G	C,E,G	H,I

【工程实例4】 已知网络计划如图4.46所示,箭线下方括号外数字为工作的正常持续时间,括号内数字为工作的最短持续时间;箭线上方括号内数字为优选系数。要求工期为12,试对其进行工期优化。

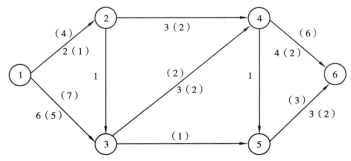

图4.46 工程实例4 图

【**工程实例**5】 已知网络计划如图 4.47 所示,箭线下方括号外数字为工作的正常持续时间,括号内数字为工作的最短持续时间;箭线上方括号外数字为正常持续时间时的直接费,括号内数字为最短持续时间时的直接费。费用单位为千元,时间单位为天。如果工程间接费率为 0.8 千元/d,则最低工程费用时的工期为多少天?

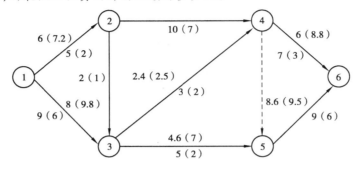

图 4.47 工程实例 5 图

模块 5　市政工程项目质量管理

　　某在建大桥发生坍塌事故,造成64人死亡,4人重伤,18人轻伤,直接经济损失3 974.7万元。由于施工、建设单位严重违反桥梁建设的法规标准、现场管理混乱、盲目赶工期,监理单位、质量监督部门严重失职,勘察设计单位服务和设计交底不到位,有关部门监管不力,致使大桥主拱圈砌筑材料未满足规范和设计要求,拱桥上部构造施工工序不合理,主拱圈砌筑质量差,降低了拱圈砌体的整体性和强度,随着拱上施工荷载的不断增加,造成1号孔主拱圈靠近0号桥台一侧3~4 m宽范围内,砌体强度达到破坏极限而坍塌,受连拱效应影响,整个大桥迅速坍塌。

任务 1　认识市政工程项目质量管理

　　任务目标:

　　1. 了解市政工程项目质量管理的特点。

　　2. 掌握市政工程项目质量管理的原则。

　　3. 熟悉市政工程项目质量保证体系。

　　知识模块:

　　市政工程项目质量管理关系着人民群众对美好生活的向往,要为人民创造更好的生活、生产条件必须严把市政工程项目质量关。严把质量关是为人民造福,彰显从业者人民至上的价值立场,是一切工作的出发点和落脚点,也是做好一切工作的关键点。

1. 市政工程项目质量的概念

　　市政工程项目质量是指市政工程既具有一定用途,满足用户生产、生活所需功能和使用要求,又符合国家有关法律、法规、技术标准和工程合同的规定。它是通过国家现行的有关法律、法规、技术标准、设计文件及工程合同中对工程的安全、使用、经济、美观等特性的综合要求来体现的。

2. 市政工程项目质量的基本特征

市政工程项目从本质上说是一项拟建或在建的建筑产品,它和一般产品具有同样的质量内涵,即一组固有特性满足需要的程度。市政工程项目质量的一般特性可归纳如下:

1)功能性

功能性主要表现为项目使用功能需求的一系列特性指标,如道路交通工程的路面等级、通行能力;市政排水管渠应保证排水通畅等。

2)安全可靠性

安全可靠性是指工程在规定时间和规定的条件下,完成规定功能能力的大小和程度,如构筑物结构自身安全可靠、满足强度、刚度和稳定性的要求,以及运行与使用安全等。可靠性质量必须在满足功能性质量需求的基础上,结合技术标准、规范的要求进行确定与实施。

3)经济合理性

经济合理性是指工程在使用年限内所需费用(包括建造成本和使用成本)的大小。市政工程对经济性的要求,一是工程造价要低,二是使用维修费用要少。

4)文化艺术性

市政工程是城市的形象,其个性的艺术效果,包括建筑造型、立面外观、文化内涵以及装修装饰、色彩视觉等,不仅使用者关注,社会也关注;不仅现在的人们关注,而且未来的人们也会关注和评价,图5.1所示为重庆市洪崖洞。

图5.1　重庆市洪崖洞

5）与环境的协调性

与环境的协调性是指工程与其周围生态环境协调,与所在地区经济环境协调以及周围已建工程协调,以适应可持续发展的要求。

此外,工程建设活动是应业主的要求而进行的。因此,工程项目的质量除必须符合有关的规范、标准、法规的要求外,还必须满足工程合同条款的有关规定。

3. 市政工程项目质量管理特点

1）影响因素多

影响市政工程质量的因素众多,不仅包括地质、水文、气象和周边环境等自然条件因素,还包括勘察、设计、材料、机械、工艺方法、技术措施、组织管理制度等人为的技术管理因素。要保证工程项目质量,就要分析这些影响因素,以便有效控制工程质量。

2）控制难度大

因市政工程产品不像其他工业产品生产,有固定的车间和流水线,有规范化的生产工艺和完善的检测技术,有成套的生产设备和稳定的生产环境等。再加上市政工程本身所具有的固定性、复杂性、多样性和单件性等特点,决定了工程项目质量的波动性大,从而进一步增加了工程质量的控制难度。

3）重视过程控制

工程项目在施工过程中,工序衔接多、中间交接多、隐蔽工程多,施工质量存在一定的过程性和隐蔽性,并且上一道工序的质量往往会影响下一道工序的施工,而下一道工序的施工往往又掩盖了上一道工序的质量。因此,在质量控制过程中,必须重视过程控制,加强对施工过程的质量检查,及时发现和整改存在的质量问题,并及时做好检查、签证记录,为施工质量验收等提供必要的证据。

4）终检局限大

由于市政工程产品自身的特点,产品建成后不能像一般工业产品那样可以通过终检来判断产品的质量,而工程项目的终检只能进行一些表面的检查,难以发现施工过程中被隐蔽了的质量缺陷,存在较大的局限性。即便在终检过程中发现了质量问题,但仍存在整改难度较大,整改经济损失较大的问题,不能像一般工业产品那样通过拆卸或解体的方式来检查其内在质量。

4. 市政工程项目质量管理的原则

1）坚持"质量第一"

工程质量是建筑产品使用价值的集中体现,用户最关心的就是工程质量的优劣,或者说用户的最大利益在于工程质量。在项目施工中必须树立"百年大计,质量第一"的思想。

2）坚持以人为控制核心

人是质量的创造者,质量控制必须"以人为核心",发挥人的积极性、创造性。

3）坚持全面控制

（1）全过程的质量控制

全过程的质量控制是指工程项目从签订承包合同一直到竣工验收结束,质量控制贯穿于整个施工过程。

（2）全员的质量控制

质量控制是依赖项目部全体人员共同努力的。所以,质量控制必须把项目所有人员的积极性和创造性充分调动起来,做到人人关心质量控制,人人做好质量控制工作。

4）坚持质量标准、一切以数据衡量

质量标准是评价工程质量的尺度,数据是质量控制的基础。工程质量是否符合质量要求,必须通过严格检查,以数据为依据。

5）坚持预防为主

预防为主是指事先分析影响产品质量的各种因素,采取措施加以重点控制,使质量问题消灭在萌芽状态或发生之前,做到防患未然。

5. 市政工程项目质量保证体系

质量保证体系是为了保证某项产品或某项服务能满足给定的质量要求的体系,包括质量方针和目标,以及为实现目标所建立的组织结构系统、管理制度办法、实施方案和必要的物质条件组成的整体。在工程项目施工中,完善的质量保证体系是满足用户质量要求的保证。施工质量保证体系通过对那些影响施工质量的要素进行连续评价,从而对建筑、安装、检验等工作进行检查,并提供证据。

1）质量保证的概念

质量保证是指企业对用户在工程质量方面做出的担保，即企业向用户保证其承建的工程在规定的期限内能满足的设计和使用功能。它充分体现了企业和用户之间的关系，即保证满足用户的质量要求，对工程的使用质量负责到底。

2）质量保证的作用

质量保证的作用表现在对工程建设和施工企业内部两个方面。

对工程建设，通过质量保证体系的正常运行，在确保工程建设质量和使用后服务质量的同时，为该工程设计、施工的全过程提供建设阶段有关专业系统的质量职能正常履行及质量效果评价的全部证据，并向建设单位表明，工程是遵循合同规定的质量保证计划完成的，质量完全满足合同规定的要求。

对施工企业内部，通过质量保证活动，可有效地保证工程质量，或及时发现工程质量事故征兆，防止质量事故的发生，使施工工序处于正常状态之中，进而达到降低因质量问题产生的损失，提高企业的经济效益。

3）质量保证的内容

质量保证的内容贯穿于工程建设的全过程，按照市政工程形成的过程分类，主要包括规划设计阶段质量保证，采购和施工准备阶段质量保证，施工阶段质量保证，使用阶段质量保证。按照专业系统不同分类，主要包括设计质量保证，施工组织管理质量保证，物资、器材供应质量保证，安装质量保证，计量及检验质量保证，质量情报工作质量保证等。

4）质量保证的途径

质量保证的途径包括在工程建设中的以检查为手段的质量保证，以工序管理为手段的质量保证和以开发新技术、新工艺、新材料、新工程产品（以下简称"四新"）为手段的质量保证。

（1）以检查为手段的质量保证

以检查为手段的质量保证实质上是对照国家有关工程施工验收规范，对工程质量效果是否合格做出最终评价，也就是事后把关，但不能通过它对质量加以控制。因此，它不能从根本上保证工程质量，只不过是质量保证一般措施和工作内容之一。

（2）以工序管理为手段的质量保证

以工序管理为手段的质量保证实质上是通过对工序能力的研究，充分管理设计、施工工序，使之每个环节均处于严格的控制之中，以此保证最终的质量效果。但它仅是对设计、施工中的工序进行控制，并没有对规划和使用阶段实行有关的质量控制。

（3）以"四新"为手段的质量保证

以"四新"为手段的质量保证是对工程从规划、设计、施工和使用的全过程实行的全面质量保证。这种质量保证克服了以上两种质量保证手段的不足，可以从根本上确保工程质量，这也是目前最高级的质量保证手段之一。

5）全面质量保证体系

全面质量保证体系是以保证和提高工程质量为目标，运用系统的概念和方法，把企业各部、各环节的质量管理职能和活动合理地组织起来，形成一个有明确任务、职责权限，又互相协作、互相促进的管理网络和有机整体，使质量管理制度化、标准化，从而生产出高质量的建筑产品。

6. 市政工程质量管理体系

质量管理体系是指企业内部建立的、为保证产品质量或质量目标所必需的、系统的质量活动。质量管理体系根据企业特点选用若干体系要素加以组合，加强从设计研制、生产、检验到销售、使用全过程的质量管理活动，并予以制度化、标准化，已成为企业内部质量工作的要求和活动程序。

市政工程项目质量管理主要包括下述内容。

①规定控制的标准，即详细说明控制对象应达到的质量要求。

②确定具体的控制方法，例如工艺规程、控制用图表等。

③确定控制对象，例如一道工序、一个分项工程、一个安装过程等。

④明确所采用的检验方法，如检验手段等。

⑤进行工程实施过程中的各项检验。

⑥分析实测数据与标准之间产生差异的原因。

⑦解决差异所采取的措施和方法。

任务2 市政工程质量管理因素分析

任务目标：

1. 熟悉市政工程项目建设各阶段对质量的影响。

2. 掌握市政工程质量的各个影响因素。

知识模块：

工程项目建设过程，就是工程项目质量的形成过程，质量蕴藏于工程产品的形成之中。因此，分析影响工程项目质量的因素，采取有效措施控制质量影响因素，是工程项目施工过程中的一项重要工作。

1. 工程项目建设阶段对质量形成的影响

1）决策对工程质量的影响

项目决策主要是指制订工程项目的质量目标及水平。同时应当指出,任何工程项目或产品,其质量目标的确定都是有条件的,脱离约束条件而制订的质量目标是没有实际意义的。

对工程建设项目,一般来讲质量目标和水平定得越高,其投资相应也就越大。在施工队伍不变时,施工速度也就越慢。所以,在制订工程项目的质量目标和水平时,应对投资目标、质量目标和进度目标三者进行综合平衡、优化,制订出既合理又使用户满意的质量目标,并确保质量目标的实现。

2）设计对工程质量的影响

设计是通过工程设计使质量目标具体化,指出达到工程质量目标的途径和具体方法。设计质量往往决定工程项目的整体质量,因此,设计阶段是影响工程项目质量的决定性环节。众多工程实践证明,没有高质量的设计,就没有高质量的工程。

3）施工对工程质量的影响

施工是将质量目标和质量计划付诸实施的过程。通过施工过程及相应的质量控制,将设计图纸变成工程实体。这一阶段是质量控制的关键时期,在施工过程中,由于施工工期长、且多为露天作业、受自然条件影响大,影响质量的因素众多,因此,施工阶段应受到施工参与各方的高度重视。

4）竣工验收对工程质量的影响

竣工验收是对工程项目质量目标的完成程度进行检验、评定和考核的过程,这是对工程项目质量严格把关的重要环节。不经过竣工验收,就无法保证整个项目的配套投产和工程质量;若在竣工验收中不认真对待,根本无法实现规定的质量目标;若不根据质量目标要求进行竣工验收,随意提高竣工验收标准,将造成不切合实际的过分要求,对工程质量存在相反的影响。

5）运行保修对工程质量的影响

有些工程项目不只是竣工验收后就可完成的,有的还有运行保修阶段,即对使用过程中存在的施工遗留问题及发现的新的质量问题,通过收集质量信息及整理、反馈,采取必要的措施,进一步巩固和改进,最终保证工程项目的质量。

2. 市政工程质量的影响因素

影响市政工程项目施工质量的因素主要有人员因素、材料因素、机械因素、方法因素和建筑环境因素。在施工过程中，如果能做到事前对这5方面因素严加控制，则可以最大限度保证市政工程项目的质量。

1）人员因素对市政工程项目质量的影响

这里的人员是指直接参与工程项目建设的组织者、管理者和操作者。人对工程质量的影响，实质上是指人的工作质量对工程质量的影响。人的工作质量是工程项目质量的一个重要组成部分，只有首先提高工作质量，才能保证工程质量，而工作质量的高低，又取决于与工程建设有关的所有部门和人员。因此，每个工作岗位和每个人的工作都直接或间接地影响着工程项目的质量。提高工作质量的关键，在于控制人的素质。

2）材料因素对市政工程项目质量的影响

材料是指在工程项目建设中所使用的原材料、半成品、成品、构配件和生产用的机电设备等。材料质量是形成工程实体质量的基础，使用的材料质量不合格，工程质量也肯定不能符合标准要求。加强材料的质量控制，是保证和提高工程质量的重要保障，是控制工程质量影响因素的有效措施。

为加强对材料质量的控制，未经监理工程师检验认可的材料，以及没有出厂质量合格证的材料，均不得在施工中使用。工程设备在安装前，必须根据有关标准、规范和合同条款加以检验，在征得监理工程师认可后，方能进行安装。

3）机械因素对市政工程项目质量的影响

机械是指工程施工机械设备和检测施工质量所用的仪器设备。施工机械是实现工业化、加快施工进度的重要物质条件，是现代机械化施工中不可缺少的设施，它对工程质量有着直接影响。所以，在施工机械设备选型及性能参数确定时，都应考虑到它对保证工程质量的影响，特别要注意考虑它经济上的合理性、技术上的先进性和使用操作及维护上的方便。

对机械设备的控制主要包括：要根据不同工艺特点和技术要求，选用合适的机械设备；正确使用、管理和保管好机械设备；建立健全"人机固定"制度、"操作证"上岗制度、岗位责任制度、交接班制度、"技术保养"制度、"安全使用"制度、机械检查制度等，确保机械设备处于最佳使用状态。

4）方法因素对市政工程项目质量的影响

这里的"方法"是指对施工技术方案、施工工艺、施工组织设计、施工技术措施等的综合。

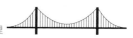

施工方案的合理性、施工工艺的先进性、施工设计的科学性、技术措施的适用性,对工程质量均有重要影响。在施工工程实践中,往往由于施工方案考虑不周和施工工艺落后而拖延工程进度,影响工程质量,增加工程投资。从某种程度上说,技术工艺水平的高低决定了施工质量的优劣。此外,在制订施工方案和施工工艺时,必须结合工程的实际,从技术、组织、管理、措施、经济等方面进行全面分析、综合考虑,确保施工方案技术上可行,经济上合理,且有利于提高工程质量。

5)建筑环境因素对工程质量的影响

环境因素主要包括施工现场自然环境因素、施工质量管理环境因素和施工作业环境因素。建筑环境因素对工程质量的影响,具有复杂多变和不确定性的特点,因此,应结合工程特点和具体条件,及时采取有效措施严加控制环境因素对工程的不良影响。

(1)施工现场自然环境因素

施工现场自然环境因素包括工程地质、水文、气象条件和周边建筑、地下障碍物以及其他不可抗力等对施工质量的影响因素。例如,在地下水位高的地区,若在雨季进行基坑开挖,遇到连续降雨或排水困难,就会引起基坑塌方或地基受水浸泡影响承载力等;在寒冷地区冬期施工措施不当,工程会因受到冻融而影响质量。

(2)施工质量管理环境因素

施工质量管理环境因素主要指施工单位质量管理体系、质量管理制度和各参建施工单位之间的协调等因素。根据承发包的合同结构,理顺管理关系,建立统一的现场施工组织系统和质量管理的综合运行机制,确保工程项目质量保证体系处于良好的状态。创造良好的质量管理环境和氛围,是施工顺利进行、提高施工质量的重要保证。

(3)施工作业环境因素

施工作业环境因素主要指施工现场平面和空间环境条件,各种能源介质供应,施工照明、通风、安全防护设施,施工场地给排水,以及交通运输和道路条件等因素。这些条件是否良好,直接影响到施工能否顺利进行,以及施工质量能否得到保证。

对影响施工质量的上述因素进行控制,是施工质量控制的主要内容。

任务3　市政工程质量管理的内容和方法

任务目标:

1.了解市政工程施工质量管理的依据。

2.熟悉市政工程施工质量管理的内容。

3.掌握市政工程施工质量控制的方法。

4.具备施工现场质量检查的能力。

知识模块：

市政工程质量控制,不仅包括施工总承包、分包单位,综合的和专业的施工质量控制;还包括建设单位、设计单位、监理单位以及政府质量监督机构在施工阶段对项目施工质量所实施的监督管理和控制职能。因此,市政工程项目的质量控制应明确项目施工阶段质量控制的目标、依据与基本环节,以及施工质量计划的编制和施工生产要素、施工准备工作和施工作业过程的质量控制方法。

1. 施工质量管理的依据

1）共同性依据

共同性依据是指适用于施工阶段,且与质量管理有关的通用的、具有普遍指导意义和必须遵守的基本条件。主要包括工程建设合同;设计文件、设计交底及图纸会审记录、设计修改和技术变更等;国家和政府有关部门颁布的与质量管理有关的法律和法规性文件,如《中华人民共和国建筑法》《中华人民共和国招标投标法》《建设工程质量管理条例》等。

2）专门技术法规性依据

专门技术法规性依据指针对不同的行业、不同质量控制对象制订的专门技术法规文件,包括规范、规程、标准、规定等,如工程建设项目质量检验评定标准;有关材料、半成品和构配件的质量方面的专门技术法规性文件;有关材料验收、包装和标志等方面的技术标准和规定;施工工艺质量等方面的技术法规性文件;有关新工艺、新技术、新材料、新设备的质量规定和鉴定意见等。

2. 施工质量管理的内容

1）方法的控制

这里所指的方法控制,包含工程项目整个建设周期内所采取的技术方案、工艺流程、组织措施、检测手段、施工组织设计等的控制。

施工方案正确与否,是直接影响工程质量控制能否顺利实现的关键。由于施工方案考虑不周而拖延进度、影响质量、增加投资。为此,在制订和审核施工方案时,须结合工程实际,从技术、组织、管理、工艺、操作、经济等方面进行全面分析综合考虑。力求方案技术可行、经济合理、工艺先进、措施得力、操作方便,有利于提高质量、加快进度、降低成本。

2）施工机械设备选用的质量控制

在项目施工阶段,必须综合考虑施工现场条件、结构型式、机械设备性能、施工工艺和方

法、施工组织与管理、技术经济等各种因素进行机械化施工方案的制订和评审。使之与装备配套使用,充分发挥建筑机械的效能,力求获得较好的经济效益。从保证项目施工质量角度出发,应从机械设备的选型、机械设备的主要性能参数和机械设备的使用操作要求等三方面予以控制。

（1）机械设备的选型

应本着因地制宜,按照技术先进、经济合理、生产适用、性能可靠、使用安全、操作方便和维修方便等原则,执行机械化、半机械化与改良工具相结合的方针,突出机械与施工相结合的特色。

（2）机械设备的使用、操作要求

贯彻"人机固定"原则,实行定机、定人、定岗位责任的"三定"制度。操作人员必须认真执行各项规章制度,严格遵守操作规程,防止出现安全质量事故。

（3）环境因素的控制

影响工程项目质量的环境因素较多,有工程技术环境,如工程地质、水文、气象等;工程管理环境,如质量保证体系、质量管理制度等;劳动环境,如劳动组合、劳动工具、工作面等。环境因素对工程质量的影响,具有复杂而多变的特点,如气象条件就变化万千,温度、湿度、大风、暴雨、酷暑、严寒都直接影响工程质量,前一工序就是后一工序的环境。因此,根据工程特点和具体条件,应对影响质量的环境因素,采取有效的措施严加控制。

在冬期、雨季、风季、炎热季节施工中,还应针对工程的特点,尤其是混凝土工程、土方工程、深基础工程、水下工程及高空作业等,拟订季节性施工措施,以免工程质量受到冻害、干裂、冲刷、坍塌的危害。

3.市政工程质量管理的基本环节

市政工程质量控制应坚持全面、全过程质量管理的原则,进行事前质量控制、事中质量控制和事后质量控制的动态控制方法。

1）事前质量控制

事前质量控制也就是在工程正式开工前进行事前主动质量控制。主要是编制施工质量计划,明确质量目标,制订施工方案,设置质量控制点,落实质量责任,分析可能导致质量目标偏离的各种影响因素,针对这些影响因素制订切实可行的预防措施,防患未然。

2）事中质量控制

事中质量控制是在施工质量形成过程中,对影响施工质量的各种因素进行全面的动态控制。事中控制第一是对质量活动的行为约束,第二是对质量活动过程和结果的监督控制。事中控制的关键是坚持质量标准,控制的重点是对工序质量、工作质量和质量控制点的控制。

3）事后质量控制

为保证不合格的工序或最终产品不流入下一道工序、不进入市场，需对工程质量进行事后控制。事后控制包括对质量活动结果的评价、认定和对质量偏差的纠正。控制的重点是发现施工质量方面的缺陷，并通过分析提出施工质量改进的措施，保持质量处于受控状态。

以上环节并不是互相孤立和截然分开的，而是共同构成有机的系统过程，它本质上是质量管理 PDCA 循环的具体化，在每一次滚动循环中不断提高，以达到质量管理和质量控制的持续改进。

4. 施工质量控制的一般方法

1）质量文件审核

审核有关技术文件、报告或报表，是对工程质量进行全面管理的重要手段。这些文件包括：
①施工单位的技术资质证明文件和质量保证体系文件。
②施工组织设计和施工方案及技术措施。
③有关材料和半成品及构配件的质量检验报告。
④有关应用新技术、新工艺、新材料的现场试验报告和鉴定报告。
⑤反映工序质量动态的统计资料或控制图表。
⑥设计变更和图纸修改文件。
⑦有关工程质量事故的处理方案。

2）现场质量检查

（1）现场质量检查的内容
现场质量检查的内容包括下述内容。
①开工前的检查：主要检查是否具备开工条件，开工后是否能够保持连续正常施工，能否保证工程质量。
②工序交接检查：对重要的工序或对工程质量有重大影响的工序，应严格执行"三检"制度，即自检、互检、专检。未经监理工程师（或建设单位技术负责人）检查认可，不得进行下一道工序施工。
③隐蔽工程的检查：施工中凡是隐蔽工程必须检查认证后方可进行隐蔽掩盖。
④停工后复工的检查：因客观因素停工或处理质量事故等停工复工时，经检查认可后方能复工。
⑤分项、分部工程完工后的检查：分项、分部工程完工后应经检查认可，并签署验收记录后，才能进行下一工程项目的施工。

⑥成品保护的检查：检查成品有无保护措施以及保护措施是否有效可靠。

（2）现场质量检查的方法

现场质量检查的方法主要有目测法、实测法和试验法等。

①目测法：即凭借感官进行检查，也称观感质量检验。其手段可概括为"看、摸、敲、照"四个字。所谓看，就是根据质量标准要求进行外观检查，例如，混凝土外观是否符合要求等。摸，就是通过触摸手感进行检查、鉴别，例如油漆的光滑度，浆活是否牢固、不掉粉等。敲，就是运用敲击工具进行音感检查，例如，对地面工程、装饰工程中的水磨石、面砖、石材饰面等，均应进行敲击检查。照，即通过人工光源或反射光照射。检查难以看到或光线较暗的部位，例如，管道井、电梯井等内的管线、设备安装质量等。

②实测法：即通过实测，将实测数据与施工规范、质量标准的要求及允许偏差值进行对照，以此判断质量是否符合要求。其手段可概括为"靠、量、吊、套"四个字。所谓靠，就是用直尺、塞尺检查地面、路面等的平整度。量，就是指用测量工具和计量仪表等检查断面尺寸、轴线、标高、湿度、温度等的偏差，例如，大理石板拼缝尺寸与偏差数量、摊铺沥青拌合料的温度、混凝土坍落度的检测等。吊，就是利用托线板以及线锤吊线检查垂直度，例如，砌体的垂直度检查等。套，就是以方尺套方，辅以塞尺检查，例如，对阴阳角的方正、踢脚线的垂直度检查等，如图 5.2 所示。

图 5.2　实测法质量检查

③试验法：是指通过必要的试验手段对质量进行判断的检查方法，主要包括理化试验和无损检测。

a. 理化试验：工程中常用的理化试验包括物理力学性能方面的检验和化学成分及其含量的测定等两个方面。物理力学性能的检验包括抗拉强度、抗压强度、抗弯强度、抗折强度、冲击韧性、硬度、承载力等，以及各种物理性能方面的测定，如密度、含水量、凝结时间、安定性及抗渗、耐磨、耐热性能等。化学成分及化学性质的测定，如钢筋中的磷、硫含量，混凝土中粗骨料中的活性氧化硅成分，以及耐酸、耐碱、抗腐蚀性等。此外，根据规定有时还需进行现场试验。例如，对桩或地基的静载试验、下水管道的通水试验、压力管道的耐压试验等。

b. 无损检测：利用专门的仪器仪表从表面探测结构物、材料、设备的内部组织结构或损伤情况。常用的无损检测方法有超声波探伤、射线探伤等。

任务4　市政工程质量事故的预防与处理

任务目标：

1.熟悉市政工程质量事故的分类。

2.了解市政工程质量事故产生的原因。

3.掌握市政工程质量事故预防的措施和处理方法。

4.具备市政工程质量事故处理的能力。

知识模块：

市政工程具有专业工程之间协调多、地上地下障碍物多、施工时干扰多等特点,这些特点对市政工程的质量影响较大。因此在市政工程施工中,需清楚质量事故的分类和产生原因,并采取相应的措施进行处理,确保城市正常运转,城市的各项功能都能良好发挥,促进城市可持续发展。

1.市政工程质量事故的分类

市政工程质量事故的分类有多种方法,详见表5.1。

表5.1　市政工程质量事故的分类

分类方法	事故类别	内容及说明
按事故造成损失的程度分级	特别重大事故	造成30人以上死亡,或者100人以上重伤,或者1亿元以上直接经济损失的事故
	重大事故	造成10人以上30人以下死亡,或者50人以上100人以下重伤,或者5 000万元以上1亿元以下直接经济损失的事故
按事故造成损失的程度分级	较大事故	造成3人以上10人以下死亡,或者10人以上50人以下重伤,或者1 000万元以上5 000万元以下直接经济损失的事故
	一般事故	造成3人以下死亡,或者10人以下重伤,或者100万元以上1 000万元以下直接经济损失的事故
按事故责任分类	指导责任事故	工程指导或领导失误而造成的质量事故
	操作责任事故	在施工过程中,由于操作者不按规程和标准实施操作而造成的质量事故
	自然灾害事故	突发的严重自然灾害等不可抗力造成的质量事故

续表

分类方法	事故类别	内容及说明
按质量事故产生的原因分类	技术原因引发的质量事故	在工程项目实施中由于设计、施工在技术上的失误而造成的质量事故
	管理原因引发的质量事故	管理上的不完善或失误引发的质量事故
	社会、经济原因引发的质量事故	经济因素及社会上存在的弊端和不正之风导致建设中的错误行为而发生质量事故
	其他原因引发的质量事故	人为事故(如设备事故、安全事故等)或严重的自然灾害等不可抗力的原因,导致连带发生的质量事故

2. 市政工程质量事故产生的原因

市政工程质量事故的预防可以从分析产生质量事故的原因入手,质量事故发生的原因大致有以下几个方面,详见表5.2。

表5.2　市政工程质量事故产生原因分析

事故原因	内容及说明
非法承包,偷工减料	社会腐败现象对施工领域的侵袭,非法承包,偷工减料"豆腐渣"工程,成为近年重大施工质量事故的首要原因
违背基本建设程序	①无立项、无报建、无开工许可、无招投标、无资质、无监理、无验收的"七无"工程;②边勘察、边设计、边施工的"三边"工程
勘察设计的失误	勘察报告不准确,致使地基基础设计采用不正确的方案;结构设计方案不正确,计算失误,构造设计不符合规范要求等
施工的失误	施工管理人员及实际操作人员的思想、技术素质差;缺乏业务知识,不具备技术资质,瞎指挥、施工盲干;施工管理混乱,施工组织、施工技术措施不当;不按图施工,不遵守相关规范、违章作业;使用不合格的工程材料、半成品、构配件;忽视安全施工,发生安全事故等
自然条件的影响	市政施工露天作业多,恶劣的天气或其他不可抗力都可能引发施工质量事故

3. 市政工程质量事故的预防

找出了市政工程事故发生的原因,便可"对症下药",采取行之有效的预防市政工程质量事故的对策。

1)增强质量意识

无论是工程建设单位,还是工程设计、施工单位,其负责人应首先树立"质量第一,预防为主,综合治理"的观念,并对职工定期进行质量意识教育,使单位呈现出人人讲质量、时时处处讲质量的氛围。

2)建立健全工程质量事故惩处法规

进一步健全工程质量事故惩处法规,以充分发挥法规对忽视工程质量者尤其明知故犯者的震慑力。

3)加强工程设计审查

对于工程设计,应根据工程重要性采取多重审查制度。审查重点是从概念设计角度对该工程结构体系选型及构造设计的合理性做出评价,判断结构构件是否安全或过于保守(抓两极端情况),以及是否有违反设计规范或无依据地突破规范的情况等。

4)重视工程施工组织设计审查

任何一项市政工程均由许多单体建筑组成,因此对一项市政工程施工组织设计的审查就是要对各单体建筑的施工组织设计进行审查。因此,审查的重点应放在各单体建筑的关键部位、关键工序的施工组织设计上。

5)加强施工现场监督

无论是大型工程还是小型工程,施工中都应设置施工现场质量检查员。实践证明,有无质检员,质检员是否称职,关系到能否保证工程质量。因此,所指派的质检员应具有较高的思想觉悟、工作责任心、原则性和建筑专业知识。

6)切实搞好工程验收

一是应根据工程的规模及重要性组成相应层次的工程验收小组,验收小组成员应是原则性强的行业专家;二是验收过程中要坚决抵制外界的干扰;三是验收结论做出后应不折不扣地执行。只有这样,才能检查出市政工程存在的质量问题,确保工程质量。

4.市政工程质量事故处理

1)市政工程质量事故处理的原则及程序

《中华人民共和国建筑法》明确规定:任何单位和个人对市政工程质量事故、质量缺陷都有权向建设行政主管部门或者其他有关部门进行检举、控告、投诉。

重大质量事故发生后,事故发生单位必须以最快的方式,向上级建设行政主管部门和事故发生地的市、县级建设行政主管部门及检察、劳动部门报告,且以最快的速度采取有效措施抢救人员和财产,严格保护事故现场,防止事故扩大,24小时内写出书面报告,逐级上报。重大事故的调查由事故发生地的市、县级以上建设行政主管部门或国务院有关主管部门组成调查小组负责进行。

重大事故处理完毕后,事故发生单位应尽快写出详细的事故处理报告,并逐级上报。特别重大事故的处理程序应按国务院发布的《特别重大事故调查程序暂行规定》及有关要求进行。

质量事故处理的一般工作程序如下:事故调查→事故原因分析→结构可靠性鉴定→事故调查报告→事故处理设计→施工方案确定→施工→检查验收→结论。若处理后仍不合格,需要重新进行事故处理设计及施工直至合格。有些质量事故在进行事故处理前需要先采取临时防护措施,以防事故扩大。

2)市政工程质量事故处理的依据

工程质量事故处理的依据主要有4个方面:质量事故的实况资料;具有法律效力的,得到当事各方认可的工程承包合同、设计委托合同、材料或设备购销合同以及监理合同或分包合同等合同文件;有关的技术文件、档案和相关的建设法规。

（1）质量事故的实况资料

质量事故的实况资料主要来自以下几个方面。

①施工单位的质量事故调查报告。质量事故发生后,施工单位有责任就所发生的质量事故进行周密的调查、研究以掌握情况,并在此基础上写出调查报告,提交监理工程师和业主。在调查报告中就质量事故有关的实际情况做详尽的说明,其内容应包括:

A.质量事故发生的时间、地点。

B.质量事故状况的描述。

C.质量事故发展变化的情况。

D.有关质量事故的观测记录、事故现场状态的照片或录像。

②监理单位调查研究获得的第一手资料。其内容大致与施工单位调查报告中有关内容相似,可用来与施工单位所提供的情况对照、核实。

（2）有关合同及合同文件

①所涉及的合同文件可以是工程承包合同、设计委托合同、设备与器材购销合同、监理合同等。

②有关合同和合同文件在处理质量事故中的作用是：确定在施工过程中有关各方是否按照合同有关条款实施其活动，借以探寻产生事故的原因。

（3）有关的技术文件和档案

①有关的设计文件。如施工图纸和技术说明等，它是施工的重要依据。在处理质量事故中，一方面可以对照设计文件，核查施工质量是否符合设计的规定和要求；另一方面可以根据所发生的质量事故情况，核查设计中是否存在问题或缺陷。

②与施工有关的技术文件、档案和资料。

A.施工组织设计或施工方案、施工计划。

B.施工记录、施工日志等。

C.有关建筑材料的质量证明资料。

D.现场制备材料的质量证明资料。

③质量事故发生后，对事故状况的观测记录、试验记录或试验报告等。

④其他有关资料。

上述各类技术资料对于分析质量事故原因，判断其发展变化趋势，推断事故影响及严重程度，考虑处理措施等都起着重要的作用，是不可缺少的。

模块小结

本章主要介绍了市政工程质量控制的特点、原则，并根据工程建设阶段分别分析了其对质量形成的影响，归纳了质量的影响因素；介绍了施工质量控制的依据、内容、控制环节及一般方法；介绍了市政工程质量事故的分类、质量事故产生原因、质量事故的预防及处理。

思考与拓展

1. 什么是工程质量？

2. 工程质量的特性有哪些？其内涵如何？

3. 试述工程建设各阶段对质量形成的影响。

4. 试述影响工程质量的因素。

5. 试述工程质量的特点。

6. 什么是质量控制？其含义如何？

7. 什么是工程质量控制？简述工程质量控制的内容。

8. 试述工程质量责任体系？

9. 施工质量控制的依据主要有哪些方面？

10. 如何区分工程质量不合格、工程质量问题和质量事故？

11. 常见的工程质量问题发生的原因主要有哪些？

12. 试述工程质量问题处理的程序。

13. 简述工程质量事故的特点、分类和处理的权限范围。

实习实作

1. 课前收集市政工程质量事故的案列，了解影响工程质量的因素。

2. 组织学生到施工现场参观，进一步掌握质量管理和事故处理的知识。

3. 采取小组讨论，针对常见的工程质量问题应如何管理。

模块6 职业健康安全与环境管理

案例引入

某在建项目冷却塔施工平桥吊倒塌,造成 4 人遇难、2 人受伤。从初步掌握的情况看,与建设单位、施工单位压缩工期、突击生产、施工组织不到位、管理混乱等有关。

任务1 职业健康安全与环境管理概述

任务目标:

1.了解安全管理的概念。

2.掌握安全生产管理的基本原则。

3.通过本任务的学习,培养学生的安全意识。

知识模块:

由于市政工程具有规模大、周期长、技术复杂,作业环境局限、施工作业具有高空性等特点,且存在过多的不稳定因素,导致市政工程安全生产的管理难度很大,容易发生伤亡事故,因此应根据现行法律法规建立起各项安全生产管理制度体系,规范市政工程各参与方的安全生产行为。

职业健康安全与环境管理要求保护劳动者的生命和身体健康,体现生命至上的价值观。在保护生命安全面前,必须不惜一切代价,也必须做到不惜一切代价。牢固掌握职业健康安全管理相关知识是预防伤亡事故发生的最有效措施之一。

1.职业健康安全管理概述

1)安全生产管理概念

所谓工程安全管理是对施工活动过程中所涉及的安全进行的管理,包括建设行政主管部门对建设活动中的安全问题所进行的行业管理,以及从事建设活动的主体对自己建设活动的安全生产所进行的企业管理。

2)安全生产管理体系

安全生产管理体系始终以"安全第一,预防为主,综合治理"作为主导思想建立一系列组

织机构、程序、过程和资源以保障市政工程的安全生产。安全生产管理体系是一个动态、自我调整和完善的管理系统,即通过计划(Plan)、实施(Do)、检查(Check)和处理(Action)4个环节构成一个动态循环上升的系统化管理模式。安全管理体系是项目管理体系中的一个子系统,其循环也是整个管理系统循环的一个子系统。

3)安全生产管理的基本原则

(1)"管生产必须管安全"的原则

从事生产管理和企业经营的领导者和组织者,必须明确安全和生产是一个有机的整体,生产工作和安全工作的计划、布置、检查、总结、评比要同时进行,绝不能重生产轻安全。一切从事生产、经营活动的单位和管理部门都必须管安全,而且必须依照"安全生产是一切经济部门和生产企业的头等大事"的指示精神,全面负责安全生产工作。对于从事建筑产品生产的企业来说,就要求企业法人在各项经营管理活动中,把安全生产放在第一位来抓。

(2)"安全具有否决权"的原则

"安全具有否决权"的原则是指安全工作是衡量企业经营管理工作好坏的一项基本内容,该原则要求,在对企业各项指标考核、评选先进时,必须首先考虑安全指标的完成情况。安全生产指标具有一票否决的作用。

(3)"三同时"原则

"三同时"是基本建设项目中的职业安全、卫生技术和环境保护等措施和设施,必须与主体工程同时设计、同时施工、同时投产使用的法律制度的简称。

(4)"五同时"原则

企业的生产组织及领导者在计划、布置、检查、总结、评比生产工作的同时,同时计划、布置、检查、总结、评比安全工作。

(5)"四不放过"原则

"四不放过"原则是指事故原因未查清楚不放过,当事人和群众没有受到教育不放过,事故责任人未受到处理不放过,没有制订切实可行的预防措施不放过。"四不放过"原则的支持依据是《国务院关于特大安全事故行政责任追究的规定》(国务院令第302号)。

(6)"三个同步"原则

安全生产与经济建设、深化改革、技术改造同步规划、同步发展、同步实施。

2. 工程现场环境管理概述

施工现场环境管理是项目管理的一个重要部分,良好的现场环境管理使场容美观整洁、道路畅通,材料放置有序,施工有条不紊。安全、消防、保安、卫生均能得到有效保障,并且使得与项目有关的相关方都能满意。相反,低劣的现场管理不仅会影响施工进度、成本和质量,而且是发生事故的隐患,如图6.1所示。

图6.1 施工单位工地外景

1)施工现场环境管理的概念

施工现场是用于进行该项目的施工活动,经有关部门批准占用的场地。这些场地可用于生产、生活或二者兼有,当该项工程施工结束后,这些场地将不再使用。施工现场包括红线以内或红线以外的用地,但不包括施工单位的自有场地或生产基地。施工项目现场环境管理是对施工项目现场内的活动及空间所进行的管理。

2)市政工程环境管理的特点

依据市政工程产品的特性,市政工程现场环境管理具有下述特点。

(1)复杂性

市政项目的职业健康安全和环境管理涉及大量的露天作业,受到气候条件、工程地质和水文地质、地理条件和地域资源等不可控因素的影响较大。

(2)多变性

一方面是项目建设现场材料、设备和工具的流动性大;另一方面由于技术进步,项目不断引入新材料、新设备和新工艺,这都加大了相应的管理难度。

(3)协调性

项目建设涉及的工种甚多,包括大量的高空作业、地下作业、用电作业、爆破作业、施工机械、起重作业等较危险的工程,并且各工种经常需要交叉或平行作业。

(4)持续性

项目建设一般具有建设周期长的特点,从设计、实施直至投产阶段,诸多工序环环相扣。前一道工序的隐患,可能在后续的工序中暴露,酿成安全事故。

（5）经济性

产品的时代性、社会性与多样性决定了环境管理的经济性。

3）市政工程环境管理的要求

（1）市政工程项目决策阶段

建设单位应按照有关市政工程法律法规的规定和强制性标准的要求，办理各种与安全与环境保护方面有关的审批手续。对需要进行环境影响评价或安全预评价的市政工程项目，应组织或委托有相应资质的单位进行市政工程项目环境影响评价和安全预评价。

（2）市政工程设计阶段

设计单位应按照有关市政工程法律法规的规定和强制性标准的要求，进行环境保护设施和安全设施的设计，防止因设计考虑不周而导致生产安全事故的发生或对环境造成不良影响。设计单位在进行工程设计时，应当考虑施工安全和防护需要，对涉及施工安全的重点部分和环节在设计文件中应进行注明，并对防范生产安全事故提出指导意见。

对于采用新结构、新材料、新工艺的市政工程和特殊结构的市政工程，设计单位应在设计中提出保障施工作业人员安全和预防生产安全事故的措施建议。

（3）市政工程施工阶段

建设单位在申请领取施工许可证时，应当提供与市政工程安全施工措施有关的资料。对于有依法批准开工报告的市政工程，建设单位应当自开工报告批准之日起 15 日内，将保证安全施工的措施报送至市政工程所在地的县级以上人民政府建设行政主管部门或者其他有关部门备案。

施工企业在其经营生产的活动中必须对本企业的安全生产负全面责任。企业的法定代表人是安全生产的第一负责人，项目经理是施工项目生产的主要负责人。施工企业应当具备安全生产的资质条件，取得安全生产许可证的施工企业应设立安全机构，配备合格的安全人员，提供必要的资源；要建立健全职业健康安全体系以及有关的安全生产责任制和各项安全生产规章制度。对项目要编制切合实际的安全生产计划，制订职业健康安全保障措施；实施安全教育培训制度，不断提高员工的安全意识和安全生产素质。

（4）项目验收试运行阶段

项目竣工后，建设单位应向审批市政工程项目环境影响报告书、环境影响报告或者环境影响登记表的环境保护行政主管部门申请，对环保设施进行竣工验收。环境保护行政主管部门应在收到申请环保设施竣工验收之日起 30 日内完成验收。项目验收合格后才能投入生产和使用。

对需要试生产的市政工程项目，建设单位应当在项目投入试生产之日起 3 个月内向环境保护行政主管部门申请对其项目配套的环保设施进行竣工验收。

任务 2　职业健康安全管理

任务目标:

1.掌握安全施工与生产管理、预控与检查方法。

2.掌握生产安全事故报告和调查处理制度。

3.熟悉并运用国家和地方各级政府关于安全文明施工的有关法律、法规、规范,进行日常的施工现场安全检查。

4.通过本任务的学习,培养学生遵守岗位流程,安全生产的职业素养。

知识模块:

党中央、国务院历来高度重视安全生产工作,党的十八大以来做出一系列重大决策部署,推动全国安全生产工作取得积极进展。2023 年 3 月习近平总书记在第十四届全国人民代表大会第一次会议上对安全生产作出重要批示,他强调人民至上,生命至上,安全发展。发展决不能以牺牲人的生命为代价,这必须作为一条不可逾越的红线。确保人民群众生命安全和身体健康,是我们党治国理政的一项重大任务。

1.安全生产问题

要对施工安全生产进行管理,首先需要明确建筑生产过程中的安全问题,现对安全生产中常见问题进行总结归纳(表6.1)。

表 6.1　施工生产安全问题

安全问题	内容
作业环境局限,场地狭小	工程位置的固定,决定了施工是在有限的场地和空间上集中大量的人力、物资、机具进行交叉作业,因此容易发生物体打击事故
作业条件恶劣	市政工程施工大多是露天作业
高空作业多	市政工程体积庞大,操作工人可能会在十几米甚至上百米高空进行高空作业,容易发生高处坠落事故
人员流动大	施工人员流动性大,人员素质不稳定,安全管理难度大
产品多样,工艺复杂	每个市政工程都不相同,并且随着工程进度的推进,现场的不安全因素也随时在变化
体力消耗大,劳动强度高	由于劳动时间长和劳动强度大导致工人体力消耗大、容易疲劳产生疏忽,从而引发事故

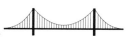

2. 安全生产管理的内容

1）安全生产职责管理

安全生产职责管理见表6.2。

表6.2　安全生产职责管理

安全管理组织机构	项目部建立以项目经理为现场安全管理第一责任人的安全生产领导小组;明确安全生产领导小组的主要职责;明确现场安全管理组织机构网络
安全管理目标	明确伤亡控制指标、安全目标、文明施工目标
安全职责与权限	明确项目部主要管理人员的职责与权限,主要有项目经理、技术负责人、工长、安全员、质检员、材料员、保卫消防员、机械管理员、班组长、生产工人等的安全职责,并让责任人履行签字手续

2）安全设施、材料、设备等的管理

①现场采购的钢管、扣件、安全网等安全防护用品等以及电气开关设备必须符合安全规范要求。

②在与公司长期合作、有较高质量信誉的合格供应商处采购。

③采用的安全设施、材料必须具有合格的出厂证明、准用证、验收或复试手续等资料。

④明确采购及验收控制点。

3）分包方安全控制

《中华人民共和国建筑法》规定,施工现场安全由建筑施工企业负责。实行施工总承包,由总承包单位负责。分包单位向总承包单位负责,服从总承包单位对施工现场的安全生产管理。由此可见,对分包方进行安全及文明施工管理是必需的。

4）教育和培训

明确现场管理人员及生产工人必须进行的安全教育和安全培训的内容及责任人。

5）施工过程中的安全控制

①对安全设施、设备、防护用品的检查验收。

②持证上岗。施工现场的管理人员、特种作业人员必须持证上岗。

③施工现场临时用电。明确施工现场安全用电的技术措施;明确施工现场安全用电的实施要点。

④文明施工。明确文明施工专门管理机构,现场围挡与封闭管理,路面硬化,物料码放,

建筑主体立网全封闭,施工废水排放,宿舍、食堂、厕所等生活设施,出入口做法,垃圾管理,施工不扰民,减少环境污染等方面的内容、实施要点及控制点。

⑤基坑支护。明确工程基础施工所采取的基坑支护类型、实施要点及控制点。

⑥模板工程。明确工程模板支撑体系的类型或方式;明确实施要点及控制点。

⑦脚手架。明确适用于工程实际的脚手架的搭设类型,搭拆与使用维护的实施要点及关键重点部位的控制点。

⑧施工机械。施工机械安全控制见表6.3。

表6.3　施工机械安全控制

项目	内容
塔吊、施工升降机管理	明确现场塔吊、施工升降机等大型机械的位置及规格型号、性能等事项;明确大型机械的装拆与使用管理的实施要点、关键部位或程序的控制点
中小型机械的使用	明确现场中小型机械的位置及规格型号、性能等事项;明确中小型机械安装、验收、使用的实施要点与关键部位的控制点

⑨安全防火与消防。明确施工现场重点防火部位及消防措施,主体工程操作面消防措施,防火领导小组、义务消防队员名单。重点关键部位的防火安全责任到人,实行挂牌制度。

⑩项目工会劳动保护。明确项目工会劳动保护的实施要点及控制点。

6)检查、检验的控制

明确对现场安全设施进行安全检查、检验的内容、程序及检查验收责任人等问题。

7)事故隐患控制

明确现场控制事故隐患所采取的管理措施。

8)纠正和预防措施

根据现场实际情况制订预防措施;针对现场的事故隐患进行纠正,并制订纠正措施,明确责任人。

9)内部审核

建筑企业应组织对项目经理部的安全活动是否符合安全管理体系文件有关规定的要求进行审核,以确保安全生产管理体系运行的有效性。

10)奖惩制度

明确施工现场安全奖惩制度的有关规定。

3. 市政工程安全生产管理制度

施工企业的主要安全生产管理制度有:安全生产责任制度、安全生产许可证制度、政府安全生产监督检查制度、安全生产教育培训制度、安全措施计划制度、特种作业人员持证上岗制度、专项施工方案专家论证制度、严重危及施工安全的工艺、设备、材料淘汰制度、施工起重机械使用登记制度、安全检查制度、生产安全事故报告和调查处理制度、"三同时"制度、安全预评价制度、工伤和意外伤害保险制度。

1)安全生产责任制度

安全生产责任制度是最基本的安全管理制度,是所有安全生产管理制度的核心。具体来说,就是将安全生产责任分解到施工单位的主要负责人、项目负责人、班组长以及每个岗位的作业人员身上。安全生产责任制的主要内容如下所述。

①安全生产责任制主要包括施工企业主要负责人的安全责任,负责人或其他副职的安全责任,项目负责人的安全责任,生产、技术、材料等各职能管理负责人及其工作人员的安全责任,技术负责人的安全责任,专职安全生产管理人员的安全责任,施工员的安全责任,班组长的安全责任和岗位人员的安全责任等。

②项目对各级、各部门安全生产责任制应规定检查和考核办法,并定期进行考核,对考核结果及兑现情况应有记录。

③项目独立承包的工程在签订承包合同中必须有安全生产工作的具体指标和要求。工地由多家施工单位施工时,总承包单位在签订分包合同的同时要签订安全生产合同。分包队伍的资质应与工程要求相符,在安全合同中应明确总分包单位各自的职责,原则上,实行总承包的由总承包单位负责,分包单位向总承包单位负责,服从总承包单位对施工现场的安全管理。

④项目主要工种应有相应的安全技术操作规程,一般包括混凝土、模板、钢筋等工种,特种作业应另行补充。应将安全操作规程列为日常安全活动和安全教育的主要内容,并应悬挂在操作岗位前。

⑤工程项目部专职安全人员的配备应按相关规定,1 万 m^2 以下工程 1 人;1 万 ~ 5 万 m^2 的工程不少于 2 人;5 万 m^2 以上的工程不少于 3 人。

总之,企业实行安全生产责任制必须做到在计划、布置、检查、总结、评比生产时,同时计划、布置、检查、总结、评比安全工作。只有这样,才能建立健全安全生产责任制,做到群防群治。

2)政府安全生产监督检查制度

政府安全生产监督检查制度是指国家法律、法规授权的行政部门,代表政府对企业的安全生产过程实施监督管理。

政府安全生产监督检查制度具有特殊的法律地位。执行机构设在行政部门,设置原则、管理体制、职责、权限、监察人员任免均由国家法律、法规所确定。职业安全卫生监察机构与被监察对象没有上下级关系,只有行政执法机构和法人之间的法律关系。监察活动既不受行业部门或其他部门的限制,也不受用人单位的约束。

3)安全生产教育培训制度

企业安全生产教育培训一般包括对管理人员、特种作业人员和企业员工的安全教育。

(1)管理人员的安全教育

①企业领导的安全教育。企业法定代表人安全教育的主要内容包括:国家有关安全生产的方针、政策、法律、法规及有关规章制度;安全生产管理职责、企业安全生产管理知识及安全文化;有关事故案例及事故应急处理措施等。

②项目经理、技术负责人和技术干部的安全教育。项目经理、技术负责人和技术干部安全教育的主要内容包括:安全生产方针、政策和法律、法规;项目经理部安全生产责任;典型事故案例剖析;本系统安全及其相应的安全技术知识。

③行政管理干部的安全教育。行政管理干部安全教育的主要内容包括:安全生产方针、政策和法律、法规;基本的安全技术知识;本职的安全生产责任。

④企业安全管理人员的安全教育。企业安全管理人员安全教育内容应包括:国家有关安全生产的方针、政策、法律、法规和安全生产标准;企业安全生产管理、安全技术、职业病知识、安全文件;员工伤亡事故和职业病统计报告及调查处理程序;有关事故案例及事故应急处理措施。

⑤班组长和安全员的安全教育。班组长和安全员的安全教育内容包括:安全生产法律、法规、安全技术及技能、职业病和安全文化的知识;本企业、本班组和工作岗位的危险因素、安全注意事项;本岗位安全生产职责;典型事故案例;事故抢救与应急处理措施。

(2)特种作业人员的安全教育

特种作业人员,是指直接从事特种作业的从业人员。特种作业的范围主要有:电工作业、焊接与热切割作业、高处作业、制冷与空调作业、煤矿安全作业、金属非金属矿山安全作业、石油天然气安全作业、冶金(有色)生产安全作业、危险化学品安全作业、烟花爆竹安全作业、安全监管总局认定的其他作业。

①特种作业人员安全教育要求。特种作业人员必须经专门的安全技术培训并考核合格,取得中华人民共和国特种作业操作证后,方可上岗作业。特种作业人员应当接受与其所从事的特种作业相应的安全技术理论培训和实际操作培训。

②取得操作证的特种作业人员,必须定期进行复审。期限除机动车辆驾驶按国家有关规定执行外,其他特种作业人员两年进行一次。凡未经复审者不得继续独立作业。

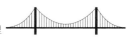

（3）企业员工的安全教育

企业员工的安全教育主要有新员工上岗前的三级安全教育、改变工艺和变换岗位安全教育、经常性安全教育3种形式。

4）安全检查制度

（1）安全检查的目的

安全检查制度是消除隐患、防止事故、改善劳动条件的重要手段，是企业安全生产管理工作的一项重要内容。通过安全检查可以发现企业及生产过程中的危险因素，以便有计划地采取措施，保证安全生产。

（2）安全检查的方式

检查方式有企业组织的定期安全检查，各级管理人员的日常巡回检查、专业性检查、季节性检查、节假日前后的安全检查、班组自检、交接检查、不定期检查等。

（3）安全检查的内容

安全检查的主要内容包括：查思想、查制度、查管理、查隐患、查整改、查伤亡事故处理等。安全检查的重点是检查"三违"和安全责任制的落实。检查后应编写安全检查报告，报告应包括以下内容：已达标项目、未达标项目、存在问题、原因分析、纠正和预防措施。

（4）安全隐患的处理程序

对查出的安全隐患，不能立即整改的要制订整改计划，定人、定措施、定经费、定完成日期，在未消除安全隐患前，必须采取可靠的防范措施，如有危及人身安全的紧急险情，应立即停工。应按照"登记—整改—复查—销案"的程序处理安全隐患。

5）安全措施计划制度

安全措施计划制度是指企业进行生产活动时，必须编制安全措施计划，它是企业有计划地改善劳动条件和安全卫生设施、防止工伤事故和职业病的重要措施之一，对企业加强劳动保护、改善劳动条件、保障职工的安全和健康、促进企业生产经营的发展都起着积极作用。

（1）安全措施计划的范围

安全措施计划的范围应包括改善劳动条件、防止事故发生、预防职业病和职业中毒等内容，具体包括下述内容。

①安全技术措施。安全技术措施是预防企业员工在工作过程中发生工伤事故的各项措施，包括防护装置、保险装置、信号装置和防爆炸装置等。

②职业卫生措施。职业卫生措施是预防职业病和改善职业卫生环境的必要措施，包括防尘、防毒、防噪声、通风、照明、取暖、降温等措施。

③辅助用房间及设施。辅助用房间及设施是为了保证生产过程安全卫生所需的房间及一切设施，包括更衣室、休息室、淋浴室、消毒室、妇女卫生室、厕所和冬期作业取暖室等。

④安全宣传教育措施。安全宣传教育措施是为了宣传普及有关安全生产法律、法规、基本知识所需要的措施,其主要内容包括安全生产教材、图书、资料,安全生产展览,安全生产规章制度,安全操作方法训练设施,劳动保护和安全技术的研究与实验等。

（2）编制安全措施计划的依据

①国家发布的有关职业健康安全政策、法规和标准。

②在安全检查中发现的尚未解决的问题。

③造成伤亡事故和职业病的主要原因和所采取的措施。

④生产发展需要所应采取的安全技术措施。

⑤安全技术革新项目和员工提出的合理化建议。

（3）编制安全技术措施计划的一般步骤

编制安全技术措施计划可以按照下述步骤进行。

①工作活动分类。

②危险源识别。

③风险确定。

④风险评价。

⑤制订安全技术措施计划。

⑥评价安全技术措施计划的充分性。

6）生产安全事故报告和调查处理制度

关于生产安全事故报告和调查处理制度,《中华人民共和国安全生产法》《中华人民共和国建筑法》《建设工程安全生产管理条例》《生产安全事故报告和调查处理条例》《特种设备安全监察条例》等法律法规都对此作了相应的规定。

《中华人民共和国安全生产法》第八十条规定:"生产经营单位发生生产安全事故后,事故现场有关人员应当立即报告本单位负责人";"单位负责人接到事故报告后,应当迅速采取有效措施,组织抢救,防止事故扩大,减少人员伤亡和财产损失,并按照国家有关规定立即如实报告当地负有安全生产监督管理职责的部门,不得隐瞒不报、谎报或者迟报,不得故意破坏事故现场、毁灭有关证据。"

《中华人民共和国建筑法》第五十一条规定:"施工中发生事故时,建筑施工企业应当采取紧急措施减少人员伤亡和事故损失,并按照国家有关规定及时向有关部门报告。"

《建设工程安全生产管理条例》第五十条对建设工程生产安全事故报告制度的规定为:"施工单位发生生产安全事故,应当按照国家有关伤亡事故报告和调查处理的规定,及时、如实地向负责安全生产监督管理的部门、建设行政主管部门或者其他有关部门报告;特种设备发生事故的,还应当同时向特种设备安全监督管理部门报告。接到报告的部门应当按照国家有关规定,如实上报。"本条是关于发生伤亡事故时的报告义务的规定。一旦发生安全事故,

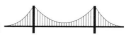

及时报告有关部门是及时组织抢救的基础,也是认真进行调查分清责任的基础。因此,施工单位在发生安全事故时,不能隐瞒事故情况。

7)"三同时"制度

"三同时"制度是指凡是我国境内新建、改建、扩建的基本建设项目,技术改建项目和引进的建设项目,其安全生产设施必须符合国家规定的标准,必须与主体工程同时设计、同时施工、同时投入生产和使用。

新建、改建、扩建工程的初步设计要经过行业主管部门、安全生产管理部门、卫生部门和工会的审查,同意后方可进行施工;工程项目完成后,必须经过主管部门、安全生产管理行政部门、卫生部门和工会的竣工检验;市政工程项目投产后,不得将安全设施闲置不用,生产设施必须和安全设施同时使用。

8)安全预评价制度

安全预评价是在市政工程项目前期,应用安全评价的原理和方法对工程项目的危险性、危害性进行预测性评价。

开展安全预评价工作,是贯彻落实"安全第一,预防为主,综合治理"方针的重要手段,是企业实施科学化、规范化安全管理的工作基础。科学、系统地开展安全评价工作,不仅直接起到了消除危险有害因素、减少事故发生的作用,有利于全面提高企业的安全管理水平,而且有利于系统地、有针对性地加强对不安全状况的治理、改造,最大限度地降低安全生产风险。

4. 施工安全技术措施

1)施工安全控制

安全控制是生产过程中涉及的计划、组织、监控、调节和改进等一系列致力于满足生产安全所进行的管理活动。

（1）安全控制的目标

安全控制的目标是减少和消除生产过程中的事故,保证人员健康安全和财产免受损失。具体应包括:

①减少或消除人的不安全行为的目标。

②减少或消除设备、材料的不安全状态的目标。

③改善生产环境和保护自然环境的目标。

（2）施工安全的控制程序

①确定每项具体市政工程项目的安全目标。按"目标管理"方法在以项目经理为首的项目管理系统内进行分解,从而确定每个岗位的安全目标,实现全员安全控制。

②编制市政工程项目安全技术措施计划。工程施工安全技术措施计划是对生产过程中的不安全因素,用技术手段加以消除和控制的文件,是落实"预防为主"方针的具体体现,是进行工程项目安全控制的指导性文件。

③安全技术措施计划的落实和实施。安全技术措施计划的落实和实施包括建立健全安全生产责任制,设置安全生产设施,采用安全技术和应急措施,进行安全教育和培训,安全检查,事故处理,沟通和交流信息,通过一系列安全措施的贯彻,使生产作业的安全状况处于受控状态。

④安全技术措施计划的验证。安全技术措施计划的验证是通过施工过程中对安全技术措施计划实施情况的安全检查,纠正不符合安全技术措施计划的情况,保证安全技术措施贯彻和实施的一种方法。

⑤持续改进根据安全技术措施计划的验证结果,对不适宜的安全技术措施计划进行修改、补充和完善。

2)施工安全技术措施的一般要求

(1)开工前制订

施工安全技术措施是施工组织设计的重要组成部分,应在工程开工前与施工组织设计一同编制。为保证各项安全设施的落实,在工程图纸会审时,就应特别注意考虑安全施工的问题,并在开工前制订好安全技术措施,使得用于该工程的各种安全设施有较充分的时间进行采购、制作和维护等准备工作。

(2)全面性

按照有关法律法规的要求,在编制工程施工组织设计时,应当根据工程特点制订相应的施工安全技术措施。对大中型工程项目、结构复杂的重点工程,除必须在施工组织设计中编制施工安全技术措施外,还应编制专项工程施工安全技术措施,详细说明有关安全方面的防护要求和措施,确保单位工程或分部分项工程的施工安全。对爆破、拆除、起重吊装、水下、基坑支护和降水、土方开挖、脚手架、模板等危险性较大的作业,必须编制专项安全施工技术方案。

(3)针对性

施工安全技术措施是针对每项工程的特点制订的,编制安全技术措施的技术人员必须掌握工程概况、施工方法、施工环境、条件等一手资料,并熟悉安全法规、标准等,才能制订有针对性的安全技术措施。

(4)全面、具体、可靠

施工安全技术措施应把可能出现的各种不安全因素考虑周全,制订的对策措施方案应力求全面、具体、可靠,这样才能真正做到预防事故的发生。但是,全面具体不等于罗列一般通常的操作工艺、施工方法以及日常安全工作制度、安全纪律等。这些制度性规定,安全技术措施中不需要再作抄录,但必须严格执行。

对大型群体工程或一些面积大、结构复杂的重点工程,除必须在施工组织总设计中编制施工安全技术总体措施外,还应编制单位工程或分部分项工程安全技术措施,详细地制订出有关安全方面的防护要求和措施,确保该单位工程或分部分项工程的安全施工。

(5)应急预案

由于施工安全技术措施是在相应的工程施工实施之前制订的,所涉及的施工条件和危险情况大都是建立在可预测的基础上的,而市政工程施工过程是开放的过程,在施工期间发生变化是经常的,还可能出现预测不到的突发事件或灾害(如地震、火灾、台风、洪水等)。所以,施工技术措施计划必须包括面对突发事件或紧急状态的各种应急设施、人员逃生和救援预案,以便在紧急情况下能及时启动应急预案,减少损失,保护人员安全。

(6)可行性和可操作性

施工安全技术措施应能够在每个施工工序之中得到贯彻实施,既要考虑保证安全要求,又要考虑现场环境条件和施工技术条件。

结构复杂、危险性大、特性较多的分部分项工程,应编制专项施工方案和安全措施。如基坑支护与降水工程、土方开挖工程、模板工程、起重吊装工程、脚手架工程、拆除工程、爆破工程等,必须编制单项的安全技术措施,并要有设计依据、计算、详图、文字要求。此外,对于危险性大、高温期长的工程,应单独编制季节性的施工安全措施。

3)施工主要安全技术措施

①按规定正确使用安全带、安全帽、安全网,如图6.2所示。

图6.2 安全"三宝"

②机械设备防护装置一定要齐全有效。

③塔吊等起重设备必须有限位装置,不准带病运转,不准超负荷作业,不准在运转中维修保养。

④架设电线,线路必须符合当地电业局的规定,电气设备全部接地接零。

⑤电动机械和电动手持工具要设漏电掉闸装置。

⑥脚手架材料及脚手架的搭设必须符合规程要求。

⑦各种缆风绳及其设备必须符合规程要求。

⑧在建工程的楼梯口、电梯口、预留洞口、通道口必须有防护设施,如图6.3、图6.4所示。

图 6.3　通道口的安全防护

图 6.4　楼梯口的安全防护

⑨严禁穿高跟鞋,拖鞋,赤脚进入施工场地。高空作业不准穿硬底和带钉易滑的鞋靴。

⑩施工现场的悬崖,陡坎等危险地区应有警戒标志,夜间要红灯示警。

4)安全技术交底

(1)安全技术交底的要求

①项目经理部必须实行逐级安全技术交底制度,纵向延伸到班组全体作业人员。

②技术交底必须具体、明确,针对性强。

③技术交底的内容应针对分部分项工程施工中给作业人员带来的潜在危险因素和存在问题。

④应优先采用新的安全技术措施。

⑤对于涉及"四新"项目或技术含量高、技术难度大的单项技术设计,必须经过两阶段技术交底,即初步设计技术交底和实施性施工图技术设计交底。

⑥应将工程概况、施工方法、施工程序、安全技术措施等向工长、班组长进行详细交底。

⑦定期向由两个以上作业队和多工种进行交叉施工的作业队伍进行书面交底。

⑧保存书面安全技术交底签字记录。

(2)安全技术交底的内容

安全技术交底是一项技术性很强的工作,对于贯彻设计意图、严格实施技术方案、按图施工、循规操作、保证施工质量和施工安全至关重要。

安全技术交底主要内容包括:本施工项目的施工作业特点和危险点;针对危险点的具体预防措施;应注意的安全事项;相应的安全操作规程和标准;发生事故后应及时采取的避难和急救措施。

(3)认真做好安全技术交底和检查落实

①工程开工前,工程负责人应向参加施工的各类人员认真进行安全技术措施交底,使大家明白工程施工特点及各时期安全施工的要求,这是贯彻施工安全技术措施的关键。施工单位安全负责人核对现场安全技术措施是否符合施工方案的要求,若存在漏洞则不可开工,应

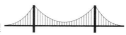

对措施进行完善,直至符合要求方可开工。

②施工过程中,现场管理人员应按施工安全措施要求,对操作人员进行详细的工作程序中安全技术措施交底,使全体施工人员懂得各自岗位职责和安全操作方法,这是贯彻施工方案中安全措施的规范的过程。

③安全技术交底要结合规程及安全施工的规范标准进行,避免口号式、无针对性的交底。并认真履行交底签字手续,以提高接受交底人员的责任心。同时要经常检查安全措施的贯彻落实情况,纠正违章,使措施方案始终得到贯彻执行,达到既定的施工安全目标。

做好安全技术交底,让一线作业人员了解和掌握该作业项目的安全技术操作规程和注意事项,减少因违章操作而导致的事故。同时,做好安全技术交底也是安全管理人员自我保护的手段。

5. 安全生产事故的预防与处理

1)安全生产事故原因

在分析事故时,应从直接原因入手,逐步深入间接原因,从而掌握事故的全部原因。再分清主次,进行责任分析。事故的直接原因主要有人的行为因素和物的状态因素两个方面。

(1)人的行为因素

由于主观上的不重视和无知,造成不安全事故的发生,即违章指挥、违章作业、违反劳动纪律的"三违"现象,引发事故。这种情况往往发生在施工现场,由于施工者本人和现场管理人员自身,安全防护意识和自我保护意识淡薄、职业技能低下、行为不规范等,导致在安全设施完备的情况下发生了安全事故。

(2)物的状态因素

物的状态因素主要表现是:施工现场的防护设施设置不到位;安全投入严重不足;技术装备水平陈旧不规范,安全技术措施不能完全到位等。

2)安全事故的预防

通过以上对安全事故原因的归纳和分析,安全事故的预防可从下述几个方面入手。

(1)控制人的行为

企业要严格执行三级教育制度,使人的行为符合安全规范。根据不同层次和对象,采取多种多样的教育培训方式,制订相应的教育培训措施,提高施工者和安全管理人员的安全素质。对全体从业人员要定期或不定期地组织学习安全方面的有关标准及常用知识,强化全体从业人员安全生产的教育培训、职业技能培训和安全意识,使从业人员增强安全操作和施工水平,提高全体从业人员安全意识,提高企业管理人员的安全管理水平,从根本上解决人的行为的不安全因素,保证生产安全,减少事故的发生。

（2）加强施工企业安全保障体系

只有施工企业拥有健全的安全保障体系，才能保证物的安全状态。安全生产现场管理的目的，是保护施工现场的人身安全和设备安全，要达到这个目的，就必须强调按规定的标准去管理，逐步建立起自我约束、不断完善的安全生产管理体制。禁止使用危及安全生产的落后工艺和设备，依靠科技进步用先进技术改造传统产业。同时，主动加强与规划、设计、监理等机构的联系与沟通，及时排除可能出现的每一个隐患，使现场安全防护的各个重点环节和部位都有技术作保障，有效地防止事故的发生。

（3）加强法制管理

要强化政府部门安全监管，按照建设工程安全生产管理条例，通过建立安全生产行政许可制度，从根本上严格市场准入制度。各级建设行政主管部门要加强检查和监管的力度，针对安全监管薄弱环节和管理漏洞进行重点检查，督促施工企业制订有利于加强安全生产工作的各项规章制度和政策措施，发现违法违规行为和安全事故隐患要限期整改，对违反安全生产法律法规的企业和发生重大安全事故的企业要实行严肃查处，并落实到主要负责人，加大责任追究力度，提高其违法成本。设计单位必须根据有关法律规定和工程建设强制性标准进行设计，以防由于设计不合理而导致的安全生产事故。

（4）成立安全研究机构

把科技进步纳入安全工作的范畴之中，全面提升施工安全的现代化水平。针对有关安全生产的关键性、综合性的科技问题开展科技攻关，研究并开发新的安全用具、施工工艺、方法等，推广科技成果，对研发、推广新的安全技术、新的工艺、新的材料、新的设备的单位，在政策上给予支持，最终使得主管部门的安全管理水平和施工企业的安全操作水平全面提高，从而全面提升施工安全的技术水平，减少安全事故的发生。

3）安全事故的处理要求

（1）处理时效要求

伤亡事故处理工作应当在 90 d 内结案，特殊情况不应超过 180 d。伤亡事故处理结案后，应当公开宣布处理结果。

（2）隐瞒不报、谎报处理要求

在伤亡事故发生后隐瞒不报、谎报、故意推迟不报、故意破坏事故现场，或者以不正当理由拒绝接受调查以及拒绝提供有关情况和资料的，由有关部门按照国家有关规定，对有关单位负责人和直接责任人员给予行政处分；构成犯罪的，由司法机关依法追究其刑事责任。

（3）责任追究要求

事故调查组提出的事故处理意见和防范措施建议，由发生事故的企业和主管部门负责处理。因忽视安全生产、违章指挥、违章作业、玩忽职守或发现事故隐患、危害情况而不采取有效抑制措施造成伤亡事故的，由企业主管部门或者企业按照国家有关规定，对企业负责人和直接责任人员给予行政处分；构成犯罪的，由司法机关依法追究其刑事责任。

4)安全事故处理的程序

安全事故处理的程序见表6.4。

表6.4 安全事故处理程序

事故上报	事故发生后,事故现场有关人员应当立即向本单位负责人报告;单位负责人接到报告后,应当在1小时内向事故发生地县级以上人民政府安全生产监督管理部门和负有安全生产监督管理职责的有关部门报告。报告内容应包括:事故发生单位概况;事故发生时间、地点以及事故现场情况;事故发生的简要经过;事故已经造成或可能造成的伤亡人数和初步估计的直接经济损失;已经采取的措施;其他应当报告的情况
事故调查	事故发生单位的负责人和有关人员在事故调查期间不得擅离职守,并应当随时接受事故调查组的询问,如实提供有关情况
事故处理	重大事故、较大事故、一般事故,负责事故调查的人民政府应当自收到事故调查报告之日起15日内做出批复;特别重大事故,30日内做出批复,特殊情况下,批复时间可以适当延长,但延长时间最长不超过30日。事故处理的情况由负责事故调查的人民政府或者其授权的有关部门、机构向社会公布,依法应当保密的除外
责任人处理	有关机关应当按照人民政府的批复,依照法律、行政法规规定的权限和程序,对事故发生单位和有关人员进行行政处罚,对负有事故责任的国家工作人员进行处分;事故发生单位应当按照负责事故调查的人民政府的批复,对本单位负有事故责任的人员进行处理,负有事故责任的人员涉嫌犯罪的,依法追究其刑事责任

任务3 施工现场环境管理

任务目标:

1.了解施工现场管理的基本内容。

2.掌握施工现场文明施工的措施。

3.通过本任务的学习,学生能具备依照相关法律法规要求,初步具备制定现场环境管理计划的能力。

4.通过了解工程技术和管理对环境、社会及全球的影响,培养学生的思辨能力。

知识模块:

施工现场环境管理的一项重要基础工作就是文明施工,文明施工重点体现了"以人为本"的思想,在施工现场安全标准化管理基础上,以安全生产为突破口、以质量为基础、以科技进步为重点,使施工现场纳入现代化企业制度管理。

1.施工现场管理的意义

施工现场管理是指对批准占用的施工场地进行科学安排、合理使用,并与周围环境保持和谐关系。该场地既包括红线以内占用的建筑用地和施工用地,又包括红线以外现场附近经批准占用的临时施工用地。

施工现场管理好坏直接影响到施工活动能否正常进行,因此,加强施工现场管理具有重要意义。任何与施工现场管理发生联系的单位都应注重工程施工现场管理。每一个在施工现场从事施工和管理的工作人员,都应当有法治观念,执法、守法、护法,不能有半点疏忽。

2. 施工现场管理的内容

施工现场管理主要包括下述几个方面的内容。

1) 施工用地

保证场内占地的合理使用。当场内空间不充分时,应会同建设单位按规定向规划部门和公安交通部门申请,经批准后才能获得并使用场外临时施工用地。

2) 施工总平面设计

施工组织设计是工程施工现场管理的重要内容和依据,尤其是施工总平面设计,目的是对施工现场进行科学规划,以合理利用空间。在施工总平面图上,临时设施、大型机械、材料堆场、物资仓库、构件堆场、消防设施、道路及进出口、加工场地、水电管线、周转使用场地等,都应各得其所,关系合理合法,从而呈现出现场文明,有利于安全和环境保护,有利于节约,方便工程施工。

3) 施工现场的平面布置

不同的施工阶段,施工的需要不同,现场的平面布置也应进行调整。当然,施工内容变化是主要原因。另外,分包单位也会随之变化,同时会对施工现场提出新的要求。因此,不应当将施工现场当成一个固定不变的空间组合,而应当对它进行动态管理和控制。但是,调整也不能太频繁,以免造成浪费。一些重大设施应基本固定,调整的对象应是耗费不大且规模较小的设施,或功能失去作用的设施,代之以满足需要的设施。

4) 施工现场工作

现场管理人员应经常检查现场布置是否按平面布置图进行,是否符合各项规定,是否满足施工需要,还有哪些薄弱环节,从而为调整施工现场布置提供有用的信息,也使施工现场保持相对稳定,不被复杂的施工过程打乱或破坏。

5) 文明施工

施工现场和临时占地范围内秩序井然,文明安全,环境得到保持,绿地树木不被破坏,交

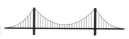

通畅达,文物得以保存,防火设施完备,居民不受干扰,场容和环境卫生均符合要求。工地的主要出入口处应设置醒目的"五牌一图"。并公示工程概况、安全生产与文明施工、安全纪律、施工平面图、防火须知、项目经理部组织机构及主要管理人员名单等内容,如图6.5所示。

图6.5　施工现场的五牌一图

工地周围须设置遮挡围墙。围墙应用混凝土预制板或砖砌筑,封闭严密,并粉刷涂白,保持整洁完整。施工现场的场区应干净整齐,施工现场的预留洞口、通道口和构筑物临边部位应当设置整齐、标准的防护装置,各类警示标志设置明显。施工作业面应当保持良好的安全作业环境,余料及时清理、清扫,禁止随意丢弃。

施工现场的施工区、办公区、生活区应当分开设置,实行区划管理。生活、办公设施应当科学合理布局,并符合城市环境、卫生、消防安全及安全文明施工标准化管理的有关规定。

此外,施工现场材料应文明堆放;临时宿舍、食堂、厕所及排水设置应符合卫生和居住等相关要求;临街或人口密集区的建筑物,应设置防止物体坠落的防护性设施;在施工现场应当配备符合有关规定要求的急救人员、保健医药箱和急救器材。

建立文明施工现场有利于提高工程质量和工作质量,提高企业信誉。为此,应当做到主管挂帅,系统把关,普遍检查,建章建制,责任到人,落实整改,严明奖惩。

3. 施工现场文明施工

绿水青山就是金山银山,做到文明施工的前提是建立保护环境意识和生态文明理念,养成认真负责的工作态度,具备诚实守信的职业责任感,将文明施工的相关技术要求牢记与心,外化于行,实现施工的可持续发展,不断为人类造福。

1)文明施工的意义

文明施工是指保持施工现场良好的作业环境、卫生环境和工作秩序。因此,文明施工也是保护环境的一项重要措施。

①文明施工可以适应现代化施工的客观要求,遵守施工现场文明施工的规定和要求,有

利于员工的身心健康。

②文明施工有利于培养和提高施工队伍的整体素质,促进企业综合管理水平的提高,提高企业的知名度和市场竞争力。

③文明施工,规范施工现场的场容,保持作业环境的整洁卫生,可以减少施工对周围居民和环境的影响。

2)文明施工的措施

文明施工的要求主要包括对现场围挡、封闭管理、施工场地、材料堆放、现场住宿、现场防火、治安综合治理、施工现场标牌、生活设施、保健急救、社区服务等11个方面。针对以上要求,施工现场通常从以下几个方面分别采取一定的措施来保证文明施工。

(1)施工平面布置

施工总平面图是现场管理、实现文明施工的依据。施工总平面图应对施工机械设备、材料和构配件的堆场、现场加工场地,以及现场临时运输道路、临时供水供电线路和其他临时设施进行合理布置,并随工程实施的不同阶段进行场地布置和调整。

(2)现场围挡、标牌

①施工现场须实行封闭管理,设置进出口大门,制订门卫制度,严格执行外来人员进场登记制度。沿工地四周连续设置围挡,市区主要路段和其他涉及市容景观路段的工地设置围挡的高度不低于2.5 m,其他工地的围挡高度不低于1.8 m,围挡材料要求坚固、稳定、统一、整洁、美观。

②施工现场必须设有"五牌一图",即工程概况牌、管理人员名单及监督电话牌、消防保卫(防火责任)牌、安全生产牌、文明施工和环境保护牌,以及施工现场总平面图,施工现场的"五牌"如图6.6所示。

工程概况牌		
工程名称		
施工许可证号		
建筑面积	万m²（单栋）	工程造价
结构类型	钢结构/土建	层数　　　层
开工日期	年 月 日	竣工日期 年 月 日
建设单位		
设计单位		
质量监督		
安全监督		
施工单位		
监理单位		
质量目标		
安全目标		

管理人员名单及监督电话牌				
建设单位		施工单位		
工程名称		建筑面积		
总造价		层数		
企业经理		技术负责人		
项目经理		施工员		
质检员		安全员		
资料员				
监督电话				
文明施工领导小组	组长		副组长	
	成员			
消防领导小组	组长		副组长	
	成员			

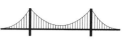

消防保卫牌

一、施工现场进出口应设门卫,建立门卫制度,昼夜值班,并做好来访记录。

二、施工现场内外消防通道和道路应保证畅通,工地应按消防要求配置有效的消防设施及器材。

三、动用明火必须有审批手续并有安全监管人员,必要时应采取隔离措施。

四、在建工程不能兼作住宿,工地内不准安排外来人员居住。

五、禁止擅自使用非生产性电热器具。

六、制订安全治安保卫措施,严防盗窃、破坏和火灾事故发生。

安全生产牌

一、贯彻执行国家和地方有关安全生产的法律、法规以及各项安全管理规章制度。

二、建立健全各级生产管理人员及一线工人的安全生产责任制。

三、坚持特殊工种持证上岗,对特殊工种按规定进行体检、培训、考核,签发作业合格证;未经培训的作业人员一律不准上岗作业。

四、定期对职工进行安全教育,新工人入场后要进行"三级"安全教育。新进场工人、调换工种工人未经安全教育考试,不准进场作业。

五、安全网、安全带、安全帽必须有材质证明,使用半年以上的安全网、安全带必须检验后方可使用。

六、施工用电符合安全操作规程。

七、对采取新工艺、特殊结构的工程,都必须先进行操作方法培训和安全教育,才能上岗操作。

八、坚持各级领导、生产技术负责人安全值班制度,每班必须有安全值班员。

文明施工和环境保护牌

一、施工现场各级管理人员必须遵守各项管理制度,做到场内整齐、卫生、安全、防火道路畅通。

二、按施工组织设计平面布置图布置材料和机具设备,设置建筑垃圾堆场,不得乱扔材料及杂物,及时清理零散物料及建筑垃圾。

三、临时占用道路必须到有关部门办理有关手续。

四、施工现场要做到道路平整、排水渠畅通,按施工组织设计平面布置图布置电路,给排水线路,做到水管不漏水,电线不漏电。

五、现场应设有男、女厕所,排污、排便等设施。

六、严禁在工地内进行吸毒、嫖娼、赌博、斗殴、盗窃等"七害"活动,违者交公安机关处理。

七、夜间施工必须通过主管部门批准并公开告示,取得社会谅解方可施工。

图 6.6　施工现场的"五牌"

③施工现场应合理悬挂安全生产宣传和警示牌,标牌悬挂牢固可靠,特别是主要施工部位、作业点和危险区域以及主要通道口都必须有针对性地悬挂醒目的安全警示牌,如图 6.7 所示。

（3）施工场地

施工现场应积极推行硬地坪施工,作业区、生活区主干道地面必须用一定厚度的混凝土硬化,场内其他道路地面也应硬化处理;施工现场道路畅通、平坦、整洁,无散落物;施工现场设置排水系统,排水畅通,不积水;严禁泥浆、污水、废水外流或未经允许排入河道,严禁堵塞下水道和排水河道;施工现场适当地方设置吸烟处,作业区内禁止随意吸烟;积极美化施工现场环境,根据季节变化,适当进行绿化布置。

重 大 危 险 源 公 示 牌

序号	公示项目	危险因素	可能造成的事故	防范措施	责任人	监控时间
1	顶管	防护设施不严、地下管线不明、顶管机械带病作业、高处作业未系安全带	坍塌及坠落、机械伤害、触电、周边环境突发事故	定期监测工作区域及临边建筑物位移及沉降变化；分层开挖；挖掘机作业半径内不得站人；工作区域周边防护栏杆及警示牌；弃土及料在安全范围内		
2	深基坑	基坑支护不符合要求、基坑内积水	塌方、高处坠落、建筑物倒塌、机械伤害、水浸、地下设施破坏	定期监测基坑及临边建筑物位移及沉降变化；分层开挖；挖掘机作业半径内不得站人；基坑周边设防护栏杆及警示牌；弃土及料在安全范围内		
3	施工起重机械	无证上岗、违章操作、无指挥	高处坠落、物体打击、触电、机械伤害	作业人员持证上岗；保险、限位装置齐全有效；对作业人员进行安全技术交底		
4	模板工程	模板支撑不稳、支撑材料不合要求	坍塌、高处坠落、物体打击	模板支撑系统及材料检查必须验收；临边、洞口作业的安全防护措施；避免同一垂直面交叉作业；混凝土强度必须达到拆模强度要求方可拆模		
5	井口、临边防护	无防护设施、材料堆积基坑边沿	坍塌、高处坠落、物体打击	预留洞口、坑井须设置固定的盖板、栏杆；通道口必须设置防护措施外，须有安全标志；梯段边、歇台边、卸料平台边均须安装好防护栏杆；在没有安全防护措施处须拴挂好安全带作业		
6	施工用电	无证上岗、保护措施和保护装置问题、违章操作、电缆线破旧	触电	电工持有效证件上岗，按要求巡视并作好记录；非电工不得随意连接、改动、拆除供电设施和电气闸具；维修时必须切断电源并挂牌警示		
7	电、气焊作业	无证上岗、无警示标志、无动火审批、无灭火器	火灾、爆炸、高处坠落、烫伤、急性中毒、触电、职业病	持有效证件上岗；认真检查作业场地，清除各类可燃物品；个人劳动防护用品的配备及正确使用；二次降压防触电保护器和回火防止器的配置；灭火器材和防火措施的落实		
8	临时出入口	无警示灯、警示标志牌、抢道行车	交通事故	临时交通应有安全措施、配置警示牌和明显的警示标语。作业人员出入需注意交通安全		

图 6.7 安全警示牌

(4)材料堆放、周转设备管理

建筑材料、构配件、料具必须按施工现场总平面布置图堆放,布置合理,堆放(存放)整齐、安全,不得超高;堆料分门别类,悬挂标牌,标牌应统一制作,标明名称、品种、规格数量等;建立材料收发管理制度,仓库、工具间材料堆放整齐,易燃易爆物品分类堆放,专人负责,确保安全;施工现场建立清扫制度,落实到人,做到工完料尽场地清,车辆进出场应有防泥带出措施。建筑垃圾及时清运,临时存放现场的也应集中堆放整齐、悬挂标牌。不用的施工机具和设备应及时出场;施工设施、大模板、砖夹等,集中堆放整齐,大模板成对放稳,角度正确。钢模及零配件、脚手扣件分类分规格,集中存放。竹木杂料,分类堆放、规则成方,不散不乱,不作他用,如图6.8所示。

图 6.8　施工现场防护棚

（5）现场生活设施

①施工现场作业区与办公、生活区必须明显划分，确因场地狭窄不能划分的，要有可靠的隔离栏防护措施。

②宿舍内应确保主体结构安全，设施完好。宿舍周围环境应保持整洁、安全。

③宿舍内应有保暖、消暑、防煤气中毒、防蚊虫叮咬等措施。严禁使用煤气灶、煤油炉、电饭煲、热得快、电炒锅、电炉等器具。

④食堂应有良好的通风和清洁卫生措施，保持卫生整洁，炊事员持健康证上岗。

⑤建立现场卫生责任制，设卫生保洁员。

⑥施工现场应设固定的男、女简易淋浴室和厕所，并要保证结构稳定、牢固和防风雨。并实行专人管理、及时清扫，保持整洁，要有灭蚊蝇滋生措施。

（6）现场消防、防火管理

①现场建立消防管理制度，建立消防领导小组，落实消防责任制和责任人员，做到思想重视、措施跟上、管理到位。

②定期对有关人员进行消防教育，落实消防措施。

③现场必须有消防平面布置图，临时设施按消防条例有关规定搭设，做到标准规范。

④易燃易爆物品堆放间、油漆间、木工间、总配电室等消防防火重点部位要按规定设置灭火器和消防沙箱，并有专人负责，对违反消防条例的有关人员进行严肃处理。

⑤施工现场用明火做到严格按动用明火规定执行，审批手续齐全。

（7）医疗急救的管理

展开卫生防病教育，准备必要的医疗设施，配备经过培训的急救人员，有急救措施、急救器材和保健医药箱。在现场办公室的显著位置张贴急救车和有关医院的电话号码等。

（8）社区服务的管理

建立施工不扰民的措施。现场不得焚烧有毒、有害物质等。

（9）治安管理

建立现场治安保卫领导小组,有专人管理;新入场的人员做到及时登记,做到合法用工;按照治安管理条例和施工现场的治安管理规定做好各项管理工作;建立门卫值班管理制度,严禁无证人员和其他闲杂人员进入施工现场,避免安全事故和失盗事件的发生。

3）施工现场环境保护措施

保护和改善作业现场的环境,控制现场的各种粉尘、废水、废气、固体废弃物、噪声、振动等对环境的污染和危害,对企业发展、员工健康和社会文明有重要意义。《中华人民共和国环境保护法》和《中华人民共和国环境影响评价法》针对市政工程项目中环境保护的基本要求做出了相关规定。

工程建设过程中的污染主要包括对施工场界内的污染和对周围环境的污染。对施工场界内的污染防治属于职业健康安全问题,而对周围环境的污染防治是环境保护的问题。

市政工程环境保护措施主要包括大气污染的防治、水污染的防治、噪声污染的防治、固体废弃物的处理以及文明施工措施等。

（1）施工现场空气污染的防治措施

①施工现场垃圾渣土要及时清理出现场。

②高大建筑物清理施工垃圾时,要使用封闭式的容器或者采取其他措施处理高空废弃物,严禁凌空随意抛撒。

③施工现场道路应指定专人定期洒水清扫,形成制度,防止道路扬尘。

④对于细颗粒散体材料(如水泥、粉煤灰、白灰等)的运输、储存要注意遮盖、密封,防止和减少扬尘。

⑤车辆开出工地要做到不带泥沙,基本做到不洒土、不扬尘,减少对周围环境污染。

⑥除设有符合规定的装置外,禁止在施工现场焚烧油毡、橡胶、塑料、皮革、树叶、枯草、各种包装物等废弃物品以及其他会产生有毒、有害烟尘和恶臭气体的物质。

⑦机动车都要安装减少尾气排放的装置,确保符合国家标准。

⑧工地茶炉应尽量采用电热水器。若只能使用烧煤茶炉和锅炉时,应选用消烟除尘型茶炉和锅炉,大灶应选用消烟节能回风炉灶,使烟尘降至允许排放范围为止。

⑨大城市市区的市政工程已不容许搅拌混凝土。在容许设置搅拌站的工地,应将搅拌站封闭严密,并在进料仓上方安装除尘装置,采用可靠措施控制工地粉尘污染。

⑩拆除旧建筑物时,应适当洒水,防止扬尘。

（2）施工过程水污染的防治措施

①禁止将有毒有害废弃物作土方回填。

②施工现场搅拌站废水,现制水磨石的污水,电石(碳化钙)的污水必须经沉淀池沉淀合格后再排放,最好将沉淀水用于工地洒水降尘或采取措施回收利用。

③现场存放油料,必须对库房地面进行防渗处理,如采用防渗混凝土地面、铺油毡等措施。使用时,要采取防止油料跑、冒、滴、漏的措施,以免污染水体。

④施工现场100人以上的临时食堂,污水排放时可设置简易有效的隔油池,定期清理,防止污染。

⑤工地临时厕所、化粪池应采取防渗漏措施。中心城市施工现场的临时厕所可采用水冲式厕所,并有防蝇灭蛆措施,防止污染水体和环境。

⑥化学用品、外加剂等要妥善保管,库内存放,防止污染环境。

(3)施工现场噪声的控制措施

噪声控制技术可从声源、传播途径、接收者防护等方面来考虑。

①声源控制。尽量采用低噪声设备和加工工艺代替高噪声设备与加工工艺,如低噪声振捣器、风机、电动空压机、电锯等;在声源处安装消声器消声,即在通风机、鼓风机、压缩机、燃气机、内燃机及各类排气放空装置等进出风管的适当位置设置消声器。

②传播途径的控制。主要从吸声材料、隔声结构、消声器及减振降噪3个方面来阻止噪声的传播。

③接收者的防护。第一,尽量减少相关人员在噪声环境中的暴露时间;第二,让处于噪声环境下的人员使用耳塞、耳罩等防护用品,以减轻噪声对人体的危害。

④严格控制人为噪声。进入施工现场不得高声喊叫、无故甩打模板、乱吹哨,限制高音喇叭的使用,最大限度地减少噪声扰民;凡在人口稠密区进行强噪声作业的,须严格控制作业时间,一般晚10点到次日早6点之间停止强噪声作业。

(4)固体废物的处理和处置

固体废物处理的基本思想是:采取资源化、减量化和无害化的处理,对固体废物产生的全过程进行控制。固体废物的主要处理方法主要包括:回收利用、减量化处理、焚烧、稳定和固化、填埋。

模块小结

本章介绍了职业健康安全的基本理论知识,重点阐述了安全生产管理的内容、安全生产管理制度,总结了施工安全技术措施;介绍了施工现场管理的一般要求、施工现场管理的内容及施工现场的文明施工。

在学习过程中,学生应注意理论联系实际,通过解析案例,初步掌握理论知识,提高实践动手能力。

思考与拓展

1.何谓安全生产管理? 安全生产管理涉及哪些内容?

2.建立安全生产管理体系的原则有哪些?

3.简述施工安全生产管理的内容。

4.简述项目环境管理的内容。

5.简述现场文明施工管理的内容。

6.施工现场生产各级安全责任有哪些?

7.施工现场的不安全因素有哪些?

8.施工现场的安全教育形式有哪些?

9.简述施工现场安全检查的主要内容。

10.施工临时用电安全管理要求有哪些?

11.现场防火安全管理要求有哪些?

12.试述安全事故处理的程序。

13.试述施工现场事故应急救援措施。

实习实作

1.课前,发布任务要求——收集安全文明施工现场图片,初步了解施工现场管理的内容及施工现场的文明施工。

2.组织学生到文明施工现场参观,进一步掌握安全生产管理的内容、安全生产管理制度、施工安全技术措施、施工现场管理的一般要求。

3.采取专题讲座,进一步加深对安全生产管理的要求。

模块 7　单位工程施工组织设计

　　上海某在建的市政工程突然倒塌,该倒塌的原因是:在施工地下工程时没有按照施工程序先浅后深的原则,两侧压力差导致土体产生水平位移,过大的水平力超过了桩基的抗侧压能力,导致房屋倾斜。

　　通过事故原因分析,如果事先按照先深后浅的原则组织施工或者其他的加固措施,事故是完全可以避免的。

　　单位工程施工组织设计是针对施工过程的复杂性,用系统的思想并遵循技术经济规律,对拟建工程的各阶段、各环节以及所需的各种资源进行统筹安排的技术经济文件。它努力使复杂的生产过程,通过科学、经济、合理的规划安排,使市政工程项目能够连续、均衡、协调地进行施工,以满足市政工程项目对工期、质量及投资方面的各项要求。由于市政工程具有单件性的特点,所以,人们根据不同工程的特点编制相应的单位工程施工组织设计是施工管理中的重要环节。

任务1　单位工程施工组织设计概述

　　任务目标：

　　1.掌握单位工程施工组织设计的概念与作用。

　　2.理解单位工程施工组织设计的分类。

　　3.通过本次任务的学习,培养学生归纳、总结的学习能力。

　　知识模块：

　　港珠澳大桥被誉为现代世界七大奇迹之一,从设计到建成,前后历时15年,抗风能力16级、抗震能力8级、使用寿命120年。15年间,建设者们以"绣花功夫"在设计理念、建造技术、施工组织、管理模式等方面进行了一系列创新,不仅填补了我国在多个领域的空白,也让中国施工组织管理水平走在了世界前列。实践证明,我们只要脚踏实地,爱岗敬业、理想信念坚定,定能肩负使命,为实现中华民族伟大复兴的中国梦添砖加瓦,港珠澳大桥如图7.1所示。

图 7.1　港珠澳大桥

1. 单位工程施工组织设计的概念

单位工程施工组织设计是指工程项目在开工前,根据设计文件及业主和监理工程师的要求,以及主客观条件,对拟建工程项目施工的全过程在人力和物力、时间和空间、技术和组织等方面所进行的一系列筹划和安排。它是指导拟建工程项目进行施工准备和正常施工的基本技术经济文件。

单位工程施工组织设计编制概述

单位工程施工组织设计作为指导拟建工程项目的全局性文件,应尽量适应施工安装过程的复杂性和具体施工项目的特殊性,并且尽可能保持施工生产的连续性、均衡性和协调性,以实现生产活动的最佳经济效果。

2. 单位工程施工组织设计的作用

单位工程施工组织设计在每项市政工程中都具有重要的规划作用、组织作用和指导作用,具体表现在下述方面。

①单位工程施工组织设计是施工准备工作的一项重要内容,同时又是指导各项施工准备工作的依据。

②单位工程施工组织设计可体现实现基本建设计划和设计的要求,可进一步验证设计方案的合理性与可行性。

③单位工程施工组织设计为拟建工程所确定的施工方案、施工进度等,是指导开展紧凑、有序施工活动的技术依据。

④单位工程施工组织设计所提出的各项资源需要量计划,直接为物资供应工作提供数据。

⑤单位工程施工组织设计对现场所作的规划与布置,既为现场的文明施工创造了条件,也为现场平面管理提供了依据。

⑥单位工程施工组织设计对施工企业的施工计划起决定和控制性的作用。施工计划是

根据施工企业对市场所进行科学预测和中标的结果,结合本企业的具体情况,制订出的企业不同时期应完成的生产计划和各项技术经济指标,而单位工程施工组织设计是按具体的拟建工程对象的开竣工时间编制的指导施工的文件。因此,单位工程施工组织设计是编制施工企业施工计划的基础,反过来说,制订单位工程施工组织设计又应服从企业的施工计划,两者相辅相成,互为依据。

3. 单位工程施工组织设计的分类及任务

单位工程施工组织设计是根据合同文件来编制的,按编制的时间和目的,划分为指导性单位工程施工组织设计、实施性单位工程施工组织设计和特殊工程单位工程施工组织设计。

1)指导性单位工程施工组织设计

指导性单位工程施工组织设计是指施工单位在参加工程投标时,根据工程招标文件的要求,结合本单位的具体情况,编制的单位工程施工组织设计。

2)实施性单位工程施工组织设计

工程中标后,对于单位工程和分部工程,应在指导性单位工程施工组织设计的基础上分别编制实施性的单位工程施工组织设计。

3)特殊工程单位工程施工组织设计

在某些特定情况下,针对工程的具体情况有时还需编制特殊的单位工程施工组织设计,如某些特别重要和复杂,或缺乏施工经验的分部分项工程,如复杂的桥梁基础工程、站场的道岔铺设工程、特大构件的吊装工程、隧道施工中喷锚工程等。为了保证其施工的工期和质量,有必要编制专门的单位工程施工组织设计。但是,编制这种特殊的单位工程施工组织设计,其开工与竣工的工期要与总体单位工程施工组织设计一致。

任务2 单位工程施工组织设计的编制

任务目标:

1.掌握单位工程施工组织设计的编制要求与原则。

2.理解单位工程施工组织设计的内容与编制程序。

3.通过本任务的学习,学生能够根据已知工程资料确定编制施工组织设计的框架。

4.培养学生勇于探究与实践的科学精神。

知识模块:

单位工程施工组织设计一般由施工单位的工程项目主管工程师负责编制,并根据工程项目的大小,报公司总工程师审批或备案。它必须在工程开工前编制完成,以作为工程施工技术资料准备的重要内容和关键成果,并应经该工程监理单位的总监理工程师批准方可实施。

1. 单位工程施工组织设计编制的要求与原则

1)单位工程施工组织设计的编制要求

①技术负责人应组织有关施工技术人员、物资装备管理人员、工程质检人员学习、熟悉合同文件和设计文件,将编制任务分工落实,限时完成并应有考核措施。

②单位工程施工组织设计应有目录,并应在目录中注明各部分的编制者。

③尽量采用图表和示意图,做到图文并茂。

④应附有缩小比例的工程主要结构物平面和立面图。

⑤若工程地质情况复杂,可附上必要的地质资料(或图纸、岩土力学性能试验报告)。

⑥多人合作编制的单位工程施工组织设计,必须由工程技术主管统一审核,以免重复叙述或遗漏等。

⑦如果选择的施工方案与投标时的施工方案有较大差异,应将选择的施工方案征得监理工程师和业主的认可。

⑧单位工程施工组织设计应在要求的时间内完成。

2)单位工程施工组织设计的编制原则

①严格遵守合同条款或上级下达的施工期限,保质保量按期完成施工任务。对工期较长的关键项目,要根据施工情况编制单项工程的单位工程施工组织设计,以确保总工期。

②严格遵守施工规范、规程和制度。

③科学而合理地安排施工程序,在保证质量的基础上,尽可能缩短工期,加快施工进度。

④应用科学的计划方法确定最合理的施工组织方法,根据工程特点和工期要求,因地制宜地采用流水施工,平行作业。对于复杂工程及控制工期的大中桥涵及高填方部位,通过网络计划进行优化,找出最佳的施工组织方案。

⑤采用先进的施工方法和技术,不断提高施工机械化,预制装配化,减轻劳动强度,提高劳动生产率。

⑥精打细算、开源节流,充分利用现有设施,尽量减少临时工程,降低工程成本,提高经济效益。

⑦落实冬、雨季施工的措施,确保全年连续施工,全面平衡人、材的需用量,力求实现均衡生产。

⑧妥善安排施工现场,确保施工安全,实现文明施工。

2. 编制单位工程施工组织设计的资料准备

在编制单位工程施工组织设计前,要做好充分的准备工作,为单位工程施工组织设计的编制提供可靠的第一手资料。

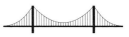

1）合同文件及标书的研究

合同文件是承包工程项目的施工依据，也是编制单位工程施工组织设计的基本依据，对招标文件的内容要认真研究，重点弄清承包范围、设计图纸供应、物资供应以及合同及标书制订的技术规范和质量标准等内容，只有对合同文件进行认真全面的研究，才能制订出全面、准确、合理的总设计规划。

2）施工现场环境调查

在编制单位工程施工组织设计之前，要对施工现场环境作深入的实际调查。调查的主要内容如下所述。

①核对设计文件，了解拟建构筑物的位置、重点施工工程的情况等。

②收集施工地区内的自然条件资料，如地形、地质、水文资料。

③了解施工地区内的既有房屋、通信电力设备、给排水管道、坟地及其他建筑情况，以便作出拆迁、改建计划。

④调查施工区域的技术经济条件。

3）各种定额及概、预算资料

编制单位工程施工组织设计时，收集有关的定额及概算（或预算）资料。例如，设计采用的预算定额（或概算定额）、施工定额、工程沿线地区性定额，预算单价，工程概算（或预算）的编制依据等。

4）施工技术资料

合同条款中规定的各种施工技术规范、施工操作规程、施工安全作业规程等，此外还应收集施工的新工艺新方法、操作新技术以及新型材料、机具等资料。

5）施工时可能调用的资源

由于施工进度直接受到资源供应的限制，在编制实施性单位工程施工组织设计时，对资源的情况应有十分具体而确切的资料。在做施工方案和施工组织计划时，资源的供应情况也可由建设单位提供。

施工时可能调用的资源包括以下内容：劳动力数量及技术水平、施工机具的类型和数量、外购材料的来源及数量、各种资源的供应时间。

6）其他资料

其他资料是指施工组织与管理工作的有关政策规定、环境保护条例、上级部门对施工的有关规定和工期要求等。

3. 单位工程施工组织设计的内容

1）工程概况

①简要说明工程名称、施工单位名称、建设单位及监理机构、设计单位、质检站名称、合同开工日期和施工日期,合同价（中标价）。

②简要介绍拟建工程的地理位置、地形地貌、水文、气候、降雨量、雨季、交通运输、水电等情况。

③施工组织机构设置及职责部门之间的关系。

④工程结构、规模、主要工程数量表。

⑤合同特殊要求,如业主提供结构材料、指定分包商等。

2）施工总平面部署

①简要说明可供使用的土地、设施、周围环境、环保要求、附近房屋、农田、鱼塘,需要保护或注意的情况。

②施工总平面布置必须以平面布置图表示,并应标明拟建工程平面位置、生产区、生活区、预制场、材料场、爆破器材库位置。

③施工总平面布置可用一张图,也可用多张相关的图表示;图上无法表示的,应用文字简单叙述。

3）技术规范及检验标准

①明确本工程所使用的施工技术规范和质量检验评定标准。

②注明本工程所使用的作业指导书的编号和标题。

4）施工顺序及主要工序的施工方法

①施工顺序。一般应以流程图表示各分项工程的施工顺序和相关关系,必要时附以文字简要说明。

②施工方法:施工方法是单位工程施工组织设计重点叙述的部分,它包含主要分项工程的施工方法,重点叙述技术难度大、工种多、机械设备配合多、经验不足的工序和结构关键部位。对常规的施工工序则简要说明。

5）质量保证计划

①明确工程质量目标。

②确定质量保证措施。

6) 安全劳保技术措施

①安全合同、安全机构、施工现场安全措施、施工人员安全措施。

②水上作业、高空作业、夜间作业、起重安装、预应力张拉、爆破作业、汽车运输和机械作业等安全措施。

③安全用电、防水、防火、防风、防洪、防震的措施。

④机械、车辆多工种交叉作业的安全措施。

⑤操作者安全环保的工作环境,所需要采取的措施。

⑥拟建工程施工过程中工程本身的防护和防碰撞措施,维持交通安全的标志。

⑦本措施应遵守行业和公司各类安全技术操作规程和各项预防事故的规定。

⑧本措施应由项目部安全部门负责人审核后定稿。

7) 施工总进度计划

①施工总进度计划用网络图和横道图表示。

②计划一般以分项工程划分并标明工程数量。

③将关键线路(工序)用粗线条(或双线)表示;必要时标明每日、每周或每月的施工强度。如浇筑混凝土××m³/日,砌体××m³/周。

④根据施工强度配备各类机械设备。

施工进度计划编制的
原则依据作用

8) 物资需用量计划

①本计划用表格表示,并将施工材料和施工用料分开。

②计划应注明由业主提供或自行采购。

③计划一般按月提出物资需用量,以分项工程为单位计算需用量。

④本计划应同时附有物资计划汇总表,将各品种规格、型号的物资汇总。

9) 机械设备使用计划

①机械设备使用计划一般用横道图表示。

②计划应说明施工所需机械设备的名称、规格、型号和数量。

③计划应标明最迟的进场时间和总的使用时间。

④必要时,可注明某一种设备是租用外单位或自行购置。

10) 劳动力需用量计划

①劳动力需用量计划以表格表示。

②计划应将各技术工种和普杂工分开,根据总进度计划需要,按月列出需用人数,并统计

各月工种最多和最少人数。

③计划应说明本单位各工种自有人数和需要调配或雇用人数。

11）大型临时工程

①大型临时工程一般指混凝土预制场、混凝土搅拌站、装拼式龙门吊和架桥机、架梁基地、铺轨基地、悬浇混凝土的挂篮、大型围堰、大型脚手架和模板、大型构件吊具、塔吊、施工便道和便桥等。

②大型临时工程均应进行设计计算、校核和出具施工图纸，编制相应的各类计划和制订相应的质量保证和安全劳保技术措施。

③需要单独编制施工方案的大型临时设施工程，其设计前后均应由公司或项目部组织有关部门和人员对设计提出要求和进行评审。

12）其他

①如果施工准备阶段时间较长、工作较繁多，有必要的，应编制施工准备工作计划。

②编制半成品（预制构件、钢结构加工件）使用计划。

③编制资金使用计划。

④编制成本降低和控制措施计划。

4. 单位工程施工组织设计编制程序和步骤

单位工程施工组织设计的编制程序如图 7.2 所示。

1）计算工程量

在指导性单位工程施工组织设计中，通常是根据概算指标或类似工程计算工程量，不要求很精确，也不要求作全面的计算，只要抓住几个主要项目就可以基本上满足要求，如土石方、混凝土、砂石料、机械化施工量等；而实施性单位工程施工组织设计则要求计算准确，这样才能保证劳动力和资源需求量计算的正确性，便于设计合理的施工组织与作业方式，保证施工生产有序、均衡地进行。同时，许多工程量在确定了方法以后可能还需要修改，比如，土方工程的施工由利用挡土板改为放坡以后，土方工程量即应增加，而支撑工料就将全部取消。这种修改可在施工方法确定后一次进行。

2）确定施工方案

在指导性单位工程施工组织设计中一般只需对重大问题作出原则性规定即可，如对隧道工程只确定用全断面开挖或喷锚支护或其他开挖方法，在工期上只规定开工与竣工日期，在

各单位工程中规定它们之间的衔接关系和使用的主要施工方法;实施性单位工程施工组织设计则是对指导性单位工程施工组织设计的原则规定进一步的具体化,着重先研究采用何种施工方法,确定选用何种施工机械。

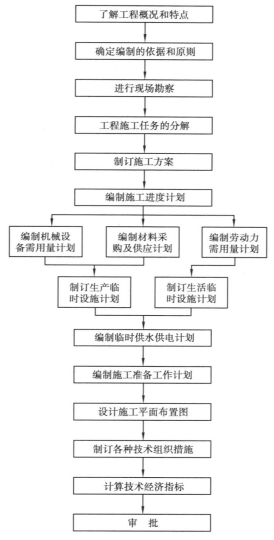

图 7.2 单位工程施工组织设计的编制程序

3)确定施工顺序,编制施工进度计划

除按照各结构部分之间具有依附关系的固定不变的施工顺序外,还要注意组织方面的施工顺序。如大中桥的基础施工,有先从哪一个桥墩或桥台开始施工的顺序问题,不同的顺序对工期有不同的影响。合理的施工顺序可缩短工程的工期。

确定施工顺序,还要注意因具体施工条件不同,设计好作业的施工顺序。以大中桥为例,如果模型板和吊装混凝土的塔吊或钢塔架有限,则应以模板和塔吊的倒用来安排施工顺序。

安排施工进度应采用流水作业法,并用网络计划技术进行进度安排,容易找出关键工作和关键线路,便于在施工中进行控制。

4)计算各种资源的需要量和确定供应计划

指导性单位工程施工组织设计可根据工程和有关的指标或定额计算,并且只包括最主要的内容,计算时要留有余地,以避免在单位工程施工前编制实施性单位工程施工组织设计时与之发生矛盾;实施性施工组织设计需要根据工程量按定额或过去积累的资料决定每日的工人需要量;按机械台班定额决定各类机械使用数量和使用时间;计算材料和加工预制品的主要种类和数量及其供应计划。

资源供应计划的
编制依据与要求

5)平衡各类需要量

平衡劳动力、材料物资和施工机械的需要量,并修正进度计划。

6)设计施工现场的各项业务

设计施工现场的各项业务,如水、电、道路、仓库、施工人员住房、修理车间、机械停放库、材料堆放场地、钢筋加工场地等的位置和临时建筑。

7)设计施工平面图

使生产要素在空间上的位置合理、互不干扰,加快施工进度。

任务3　施工方案的制订

任务目标:

1.理解施工方案编制的基本原则。

2.掌握施工方法、施工顺序的选择要求。

3.通过本次任务的学习,学生能够根据工程资料,合理选择最佳的施工顺序与施工方法。

4.培养学生科学严谨的工程素养。

知识模块:

施工方案是根据设计图纸和说明书,决定采用哪种施工方法和机械设备,以何种施工顺序和作业组织形式来组织项目施工活动的计划。施工方案确定了,就基本上确定了整个工程施工的进度、劳动力和机械的需要量、工程的成本、现场的状况等。所以说施工方案的优劣,在很大程度上决定了单位工程施工组织设计质量的好坏和施工任务能否圆满完成。施工方案包括施工方法与施工机械选择、施工顺序的合理安排以及作业组织形式和各种技术组织措施等内容。

1. 施工方案制订的原则

①制订方案首先必须从实际出发,符合现场的实际情况,有实现的可能性。所制订方案在资源、技术上提出的要求应该与当时已有的条件或在一定时间能争取到的条件相吻合,否则是不能实现的。

②施工方案的制订必须满足合同要求的工期。按工期要求投入生产,交付使用,发挥投资效益。

③施工方案的制订必须确保工程质量和施工安全。工程建设是百年大计,要求质量第一,保证施工安全是员工的权利和社会的要求。因此,在制订方案时应充分考虑工程质量和施工安全,并提出保证工程质量和施工安全的技术组织措施,使方案完全符合技术规范、操作规范和安全规程的要求。如在质量方面制订工序质量控制标准、岗位责任制与经济责任制和质量保障体系等。

④在合同价控制下,尽量降低施工成本,使方案更加经济合理,增加施工生产的盈利。从施工成本的直接费和间接费中找出节约的途径,采取措施控制直接消耗,减少非生产人员,挖掘潜力,使施工费用降低到最低的限度,不突破合同价,取得好的经济效益。

2. 施工方法的选择

施工方法是施工方案的核心内容,它对工程的实施具有决定性的作用。确定施工方法应突出重点,凡是采用新技术、新工艺和对工程质量起关键作用的项目,以及工人在操作上还不够熟练的项目,应详细而具体,不仅要拟订进行这一项目的操作过程和方法,而且要提出质量要求,以及达到这些要求的技术措施。并要预见可能发生的问题,提出预防和解决这些问题的办法。对于一般性工程和常规施工方法则可适当简化,但要提出工程中的特殊要求。

1)施工方法选择的依据

正确选择施工方法是确定施工方案的关键。各个施工过程,均可采用多种施工方法进行施工,而每一种施工方法都有其各自的优势和使用的局限性。我们的任务就是从若干可行的施工方法中选择最可行、最经济的施工方法。选择施工方法的依据主要如下所述。

①工程特点。主要指工程项目的规模、构造、工艺要求、技术要求等方面。

②工期要求。要明确本工程的总工期和各分部分项工程的工期是属于紧迫、正常和充裕3 种情况中的哪一种。

③施工组织条件。主要指气候等自然条件、施工单位的技术水平和管理水平,所需设备、材料、资金等供应的可能性。

④标书、合同书的要求。主要指招标书或合同条件中对施工方法的要求。例如既有工程扩建,要求采用的施工方法必须保证既有工程的安全和行车的安全。

⑤设计图纸。主要指根据设计图纸的要求,确定施工方法。如隧道施工设计要求用新奥法施工,既确保施工质量和安全,又能保证要求的工期,那么在做施工准备时必须按新奥法施工要求做准备。

⑥施工方案的基本要求。主要是指根据制订施工方案的基本要求确定施工方法。对于任何工程项目都有多种施工方法可供选择,但究竟采用何种方法,将对施工方案的内容产生巨大影响。

2)施工方法的确定与机械选择的关系

施工方法一经确定,机械设备的选择就只能以满足它的要求为基本依据,施工组织也只能在这个基础上进行。但是在现代化的施工条件下,施工方法的确定,主要还是选择施工机械、机具的问题,这有时甚至成为最主要的问题。例如桥梁基础工程施工,仅钻孔灌注桩,就有许多种施工机械可供选择,是选择潜孔钻还是冲击式钻机,或是冲抓式钻机还是旋转式钻机。钻机一旦确定,施工方法也就确定了。

确定施工方法,有时由于施工机具与材料等的限制,只能采用一种施工方案。可能此方案不一定是最佳的,但别无选择。这时就需要从这种方案出发,制订更好的施工顺序,以达到较好的经济性,弥补方案少而无选择余地之不足。

3. 施工机械的选择和优化

施工机械对施工工艺、施工方法有直接的影响,施工机械化是现代化大生产的显著标志,对加快建设速度,提高工程质量,保证施工安全,节约工程成本起着至关重要的作用。

施工机械的选择

因此,选择施工机械成为确定施工方案的一个重要内容,应主要考虑下述问题。

①在选用施工机械时,应尽量选用施工单位现有机械,以减少资金的投入,充分发挥现有机械效率。若现有机械不能满足工程需要,则可考虑租赁或购买。

②机械类型应符合施工现场的条件。施工条件指施工场地的地质、地形、工程量大小和施工进度等,特别是工程量和施工进度计划,是合理选择机械的重要依据。一般来说,为了保证施工进度和提高经济效益,工程量大应采用大型机械;工程量小则应采用中、小型机械,但也不是绝对的。如一项大型土方工程,由于施工地区偏僻,道路、桥梁狭窄或载重量限制大型机械的通过,如果只是专门为了它的运输问题而修路修桥,显然是不经济的,故应选用中型机械施工。

③在同一建筑工地上的施工机械的种类和型号应尽可能少。为了便于现场施工机械的

管理及减少转移,对于工程量大的工程应采用专用机械;对于工程量小而分散的工程,则应尽量采用多用途的施工机械。

④要考虑所选机械的运行费用是否经济,避免大机小用。施工机械的选择应以能否满足施工的需要为目的。经常发现有的施工单位存在这个问题。如本来土方量不大,却用了大型的土方机械,结果不到一星期就完工了,但大型机械的台班费、进出场的运输费、便道的修筑费以及折旧费等固定费用相当庞大,使运行费用过高,超过缩短工期所创造的价值。

⑤施工机械的合理组合。选择施工机械时,要考虑到各种机械的合理组合,这是使选择的施工机械能否发挥效率的重要问题。合理组合一是指主机与辅助机械在台数和生产能力的相互适应;二是指作业线上的各种机械互相配套的组合。

⑥选择施工机械时应从全局出发统筹考虑。全局出发就是不仅要考虑本项工程,而且要考虑所承担的同一现场或附近现场其他工程的施工机械使用问题。这就说从局部考虑选择的机械可能不合理,应从全局的角度出发进行考虑。比如几个工程需要的混凝土量大,而又不能相距太远,采用混凝土拌和机比多台分散各工程的拌和机要经济得多。

4. 施工顺序的选择

施工顺序是指施工过程或分项工程之间施工的先后次序,它是编制施工方案的重要内容之一。施工顺序安排得好,可以加快施工进度,减少人工和机械的停歇时间,并能充分利用工作面,避免施工干扰,达到均衡连续施工的目的。实现科学组织施工,做到不增加资源,加快工期和降低施工成本。

1)确定施工顺序应考虑的因素

确定施工顺序的方法

安排好一个施工项目的施工顺序,要考虑多方面的因素。

(1)统筹考虑各施工过程之间的关系

在工程施工过程中,任何相邻的施工过程之间总是有先有后,有些是由于施工工艺的要求而固定不变的,也有些不受工艺的限制,有一定的灵活性。如一个项目的各单位工程就存在合理安排施工顺序的问题,路基土方采用机械化施工,首先要安排小桥涵工程在施工机械到达之前完工,并达到承载强度,为机械化施工创造条件,否则就要预留缺口。若有人工施工土方工程,小桥涵可与土方工程搭接作业。这些都属于统筹安排的问题。

(2)考虑施工方法和施工机械的要求

如桥梁工程的基础是钻孔灌注桩,施工方法采用钻孔机钻孔。在安排每个基础每根桩的施工顺序时相邻桩不能顺序施工,否则会发生坍孔现象,所以必须要间隔施工。采用间隔施工时,钻机移动的次数会增多,而钻机移动需要拆卸和重新安装,很费时间。此时必须采取措施合理安排桩基的施工顺序,既要保证钻机移动得最少,又要保证钻孔安全,还能加快施工进度。

（3）考虑施工工期与施工组织的要求

合理的施工顺序与施工工期有较密切的关系,施工工期影响施工顺序的选用。如有些建筑物,由于工期要求紧张,采用逆作法施工,这样将导致施工顺序的较大变化。

在一般情况下,满足施工工艺条件的施工方案可能有多个,因此还应考虑施工组织的要求,通过对方案的分析、对比,选择经济合理的施工顺序。通常,在相同条件下,应优先选择能为后续施工过程创造良好施工条件的施工顺序。

（4）考虑施工质量的要求

确定施工顺序时,应以充分保证工程质量为前提。当有可能出现影响工程质量的情况时,应重新安排施工顺序或采取必要的技术措施。

（5）考虑当地的气候条件和水文要求

在安排施工顺序时,应考虑冬、雨季、台风等气候的影响,特别是受气候影响大的分部工程应尤为注意。在南方施工时,应从雨季考虑施工顺序,可能因雨季而不能施工的应安排在雨季前进行。如土方工程不能安排在雨季施工。在严寒地区施工时,则应考虑冬季施工特点安排施工顺序。桥梁工程应特别注意水文资料,枯水季节宜先施工位于河中的基础等。

（6）安排施工顺序时应考虑经济和节约,降低施工成本

合理安排施工顺序,加速周转材料的周转次数,并尽量减少配备的数量。通过合理安排施工顺序可缩短施工期,减少管理费、人工费、机械台班费而无须额外的附加资源,降低工程成本,给项目带来显著的经济效益。

（7）考虑施工安全要求

在安排施工顺序时,应力求各施工过程的搭接不致产生不安全因素,以避免安全事故的发生。

2）确定合理施工顺序的方法

合理的施工顺序是指在保证后续工作的开工要在本工作提供必需的作业条件下才能开始,后续工作的开工并不影响本工作作业的连续性和顺利进行。确定同类工程的最优施工顺序,实际上是提高施工组织经济性的一种方法。可参考约翰逊-贝尔曼法则,其基本思想是,现行工作施工工期最短的要排在前面施工,后续工作施工工期短的应排在后面施工。

5. 技术组织措施的设计

技术组织措施是施工企业为完成施工任务,保证工程工期,提高工程质量,降低工程成本,在技术上和组织上所采取的措施。企业应该把编制技术组织措施作为提高技术水平,改善经营管理的重要工作认真抓好。通过编制技术组织措施,结合企业内部实际情况,很好地学习和推广同行业的先进技术和行之有效的组织管理经验。

1）技术组织措施的主要内容

技术组织措施主要包括以下几方面的内容：

①提高劳动生产率，提高机械化水平，加快施工进度方面的技术组织措施。例如，推广新技术、新工艺、新材料，改进施工机械设备的组织管理，提高机械的完好率、利用率，科学的劳动组合等。

②提高工程质量，保证生产安全方面的技术组织措施。

③施工中的节约资源，包括节约材料、动力、燃料和降低运输费用的技术组织措施。

为了把编制技术组织措施工作经常化、制度化，企业应分段编制施工技术组织措施计划。

2）工期保证措施

（1）施工准备抓早抓紧

尽快做好施工准备工作，认真复核图纸，进一步完善单位工程施工组织设计，落实重大施工方案，积极配合业主及有关单位办理征地拆迁手续。主动疏通地方关系，取得地方政府及有关部门的支持，施工中遇到问题影响进度时，将统筹安排，及时调整，确保总体工期。

（2）采用先进的管理方法（如网络计划技术等）对施工进度进行动态管理

施工进度技术组织措施

以投标的施工组织进度和工期要求为依据，及时完善单位工程施工组织设计，落实施工方案，报监理工程师审批。根据施工情况变化，不断进行设计、优化，使工序衔接、劳动力组织、机具设备、工期安排等有利于施工生产。

（3）建立多级调度指挥系统，全面、及时掌握并迅速、准确地处理影响施工进度的各种问题

对工程交叉和施工干扰应加强指挥和协调，对重大关键问题超前研究，制订措施，及时调整工序和调动人、财、物、机，保证工程的连续性和均衡性。

（4）加强物资供应计划的管理

每月、旬提出资源使用计划和进场时间。

（5）对控制工期的重点工程，优先保证资源供应，加强施工管理和控制

如现场昼夜值班制度，及时调配资源和协调工作。

（6）安排好冬、雨季的施工

根据当地气象、水文资料，有预见性地调整各项工作的施工顺序，并做好预防工作，使工程能有序和不间断地进行。

（7）注意设计与现场校对，及时进行设计变更

工程项目施工过程常因地质的变化而引起变更设计，进而影响施工进度。为保证工期的

要求就需要协调各方面的关系,对施工进度影响小些。如积极地与监理联系,取得认可,再与设计院联系尽早提出变更设计等措施。

(8)确保劳动力充足,高效

根据工程需要,配备充足的技术人员和技术工人,并采用各项措施,提高劳动者技术素质和工作效率。强化施工管理,严明劳动纪律,对劳动力实行动态管理,优化组合,使作业专业化、正规化。

3)保证质量措施

保证质量的关键是对工程对象经常发生的质量通病制订防治措施,从全面质量管理的角度把措施落到实处,建立质量保证体系,保证"PDCA循环"的正常运转,全面贯彻执行国际质量认证标准(ISO 9000 族)。对采用的新工艺、新材料、新技术和新结构,须制订有针对性的技术措施,以保证工程质量。常见的质量保证措施有:

①质量控制机构和创优规划。

②加强教育,提高项目全员的综合素质。

③强化质量意识,健全规章制度。

④建立分部分项工程的质量检查和控制措施。

施工质量技术组织措施

⑤技术、质量要求比较高,施工难度大的工作,成立科技质量攻关小组——全面质量管理体系中 QC 小组攻关,确保工程质量。

⑥全面推行和贯彻 ISO 9000 标准,在项目开工前,编制详细的质量计划、编写工序作业指导书,保证工序质量和工作质量。

4)安全施工措施

安全施工措施应贯彻安全操作规程,对施工中可能发生安全问题的环节进行预测,并提出预防措施。杜绝重大事故和人身伤亡事故的发生,把一般事故减少到最低限度,确保施工的顺利进展,安全施工措施的内容包括下述内容。

①全面推行和贯彻职业安全健康管理体系标准,在项目开工前,进行详细的危险辨识,制订安全管理制度和作业指导书。

②建立安全保证体系,项目部和各施工队设专职安全员,专职安全员属质检科,在项目经理和副经理的领导下,履行保证安全的一切工作。

③利用各种宣传工具,采用多种教育形式,使职工树立安全第一的思想,不断强化安全意识,建立安全保证体系,使安全管理制度化,教育经常化。

施工安全技术组织措施

④各级领导在下达生产任务时,必须同时下达安全技术措施检查工作,必须总结安全生产情况,提出安全生产要求,把安全生产贯彻到施工的全过程中去。

⑤认真执行定期安全教育,安全讲话,安全检查制度,设立安全监督岗,支付和发挥群众安全人员的作用,对发现事故隐患和危及工程、人身安全的事项要及时处理,作好记录,及时改正,责任落实到人。

⑥施工临时结构前,必须向员工进行安全技术交底。对临时结构须进行安全设计和技术鉴定,合格后方可使用。

⑦土石方开挖,必须严格按施工规范进行,炸药、运输储存、保管都必须严格遵守国家和地方政府制订的安全法规,严密组织爆破施工,严格控制炸药用量,确定爆破危险区,采取有效措施,防止人、畜、建筑物和其他公共设施受到危害,确保安全施工。

⑧架板、起重、高空作业的技术工人,上岗前要进行身体检查和技术考核,合格后方可操作。高空作业必须按安全规范设置安全网,拴好安全绳,戴好安全帽,并按规定佩戴防护用品。

⑨工地修建的临时房、架设照明线路、库房等,必须符合防火、防电、防爆炸的要求,配置足够的消防设施,并安装避雷设备。

5)施工环境保护措施

为了保护环境,防止污染,尤其是防止在城市施工中造成污染,在编制施工方案时应提出防止污染的措施。主要应对以下方面提出措施:

①积极推行和贯彻环境管理体系标准,在项目开工前,进行详细的环境因素分析,制订相应的环境保护管理制度和作业指导书。

②进行施工环境保护意识宣传教育,提高对环境保护工作的认识,自觉保护环境。

③保护施工周围水土流失和绿色覆盖层及植物。

施工环保技术组织措施

④不准随意排放施工过程中的废油、废水和污水,必须经过处理后才能排放。

⑤在人群居住附近施工项目要防止噪声污染。

⑥机械化程度比较高的施工场所,要对机械工作产生的废气进行净化和控制。

6)文明施工措施

加强全体职工职业道德的教育,制订文明施工准则。在施工组织、安全质量管理和劳动竞赛中切实体现文明施工要求,发挥文明施工在工程项目管理中的积极作用。

①推行施工现场标准化管理。

②改善作业条件,保障职工健康。

③深入调查,加强地下既有管线保护。

④做好已完工程的保护工作。

⑤不扰民及妥善处理地方关系。

⑥广泛开展与当地政府和群众共建活动,推进精神文明建设,支持地方经济建设。

⑦尊重当地民风民俗。

⑧积极开展建家达标活动。

7)降低成本措施

施工企业参加工程建设的最终目的是在工期短、质量好的前提下,创造出最佳的经济效益,所以应制订相应的降低成本措施。这些措施的制订应以施工预算为尺度,以企业(或基层施工单位)年度、季度降低成本计划和技术组织措施计划为依据进行编制。要针对工程施工中降低成本潜力大的(工程量大、有采取措施的可能性、有条件的)项目,充分开动脑筋把措施提出来,并计算出经济效益和指标,加以评价决策。这些措施必须是不影响质量的,能保证施工和安全的。降低成本措施应包括节约劳动力、节约材料、节约机械设备费用、节约工具费、节约间接费、节约临时设施费、节约资金等措施。一定要正确处理降低成本、提高质量和缩短工期三者的关系,对措施要计算经济效果。具体的降低成本措施如下:

(1)严格把握材料的供应关

对于使用量大的主要材料统一招标,零星材料要货比三家,选择质优价廉的材料。对原材料的运输要进行经济比选,确定经济合理的运输方法,把材料费控制在投标价范围内。

(2)科学组织施工,提高劳动生产率

使用项目管理软件,经过周密、科学的分析做出具体计划,合理组织工序间的衔接,有效地使用劳动力,尽量做到不停工、不窝工。施工中采用先进的工艺方法,提高机械化施工水平,力求达到劳动组织好,工效、机械利用率高,定额先进的目的,做到少投入多产出,最大限度地挖掘企业内部潜力。

(3)完善和建立各种规章制度

完善和建立各种规章制度,加强质量管理,落实各种安全措施,要进一步改善和落实经济责任制,奖罚分明。

(4)加强经营管理,降低工程成本

编制技术先进、经济合理的单位工程施工组织设计,实事求是地进行施工优化组合,人力、物资、设备各种资源精打细算,做到有标准、有目标。优化施工平面布置,减少二次搬运,节省工时和机械费用。临时设施尽可能做到一房多用,减少面积和造价,部分临时设施可租用民房以降低费用。

(5)降低非生产人员的比例,减少管理费用开支

管理人员力求达到善管理、懂业务、能公关,做到一专多能,减少非管理人员。实现项目部直接对施工队,减少管理层次,实现精兵强将上一线,提高工作效率,以达到管理费用最低。

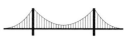

任务 4　施工进度计划的编制

任务目标：

1. 了解施工进度计划编制基本要求和依据。

2. 掌握施工进度计划编制步骤。

3. 通过本次任务的学习，学生能够根据工程资料，独立完成单位工程施工进度计划的编制。

4. 通过本次施工进度计划编制任务的学习，培养学生勤思、善思、勇于探索与实践的科学精神。

知识模块：

施工进度计划是在选定施工方案的基础上，根据规定工期和各种资源供应条件，按照施工过程的合理施工顺序及组织施工的原则，用横道图或网络图，对工程项目从开工到竣工的全部施工过程在时间上和空间上的合理安排。

施工进度计划是单位工程施工组织设计中最重要的组成部分，它必须配合施工方案的选择进行安排，它又是劳动力组织、机具调配、材料供应以及施工场地布置的主要依据，一切施工组织工作都是围绕施工进度计划来进行的。

单位工程施工进
度计划的编制

1. 施工进度的编制目的和基本要求

编制施工进度计划的目的是要确定各个项目的施工顺序和开、竣工日期。一般以月、旬、周为单位进行安排，从而据此计算人力、机具、材料等的分期（月、旬、周）需要量，进行整个施工场地的布置和编制施工预算。

编制施工进度计划的基本要求是：保证拟建工程在规定的期限内完成；迅速发挥投资效益；保证施工的连续性和均衡性；节约施工费用。

施工进度计划一般用横道图和网络图的形式表示。

2. 施工进度计划的编制依据

1) 合同规定的开工竣工日期

单位工程施工组织设计不分类别都是以开工竣工为期限安排施工进度计划的。指导性单位工程施工组织设计中施工进度计划安排必须根据标书中要求的工程开工时间和交工时间为施工期限，安排工程中各施工项目的进度计划。实施性单位工程施工组织设计是以合同工期的要求作为工程的开工和交工时间安排施工进度计划。重点工程的单位工程施工组织设计根据总施工进度计划中安排的开工竣工时间或业主特别提出要求的开工交工时间安排施工进度计划。

2）工程图纸

熟悉设计文件、图纸,全面了解工程情况,设计工程数量,工程所在地区资源供应情况等;掌握工程中各分部、分项,单位工程之间的关系,避免出现颠倒顺序地安排施工进度计划。

3）有关水文、地质、气象和技术经济资料

对施工调查所得的资料和工程本身的内部联系,进行综合分析与研究,掌握其间的相互关系和联系,了解其发展变化的规律性。

4）主导工程的施工方案

根据主导工程的施工方案（施工顺序、施工方法、作业方式）、配备的人力、机械的数量、计算完成施工项目的工作时间,排出施工进度计划图。编制施工进度计划必须紧密联系所选定的施工方案,这样才能把施工方案中安排的合理施工顺序反映出来。

5）各种定额

编制单位工程施工组织设计时,收集有关的定额及概算（或预算）资料,例如设计采用的预算定额（或概算定额）、施工定额、工程沿线地区性定额,预算单价、工程概算（或预算）的编制依据等。有关定额是计算各施工过程持续时间的主要依据。

6）劳动力、材料、机械供应情况

施工进度直接受到资源供应的限制,施工时可能调用的资源包括以下内容:劳动力数量及技术水平;施工机具的类型和数量;外购材料的来源及数量;各种资源的供应时间。资源的供应情况直接决定了各施工过程持续时间的长短。

3. 施工进度计划的种类

单位工程施工进度计划应根据工程规模的大小、结构复杂程度、施工工期等来确定编制类型,一般分为两类。

1）控制性施工进度计划

控制性施工进度计划多用于施工工期较长、结构比较复杂、资源供应暂时无法全部落实,

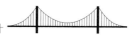

或工作内容可能发生变化和某些构件(或结构)的施工方法暂时还无法确定的工程。它往往只需编制以分部工程项目为划分对象的施工进度计划,以便控制各分部工程的施工进度。

2)实施性施工进度计划

实施性施工进度计划是控制性施工进度计划的补充,是各分部工程施工时施工顺序和施工时间的具体依据。此类施工进度计划的项目划分必须详细,各分项工程彼此间的衔接关系必须明确。根据实际情况,实施性施工进度计划的编制可与编制控制性进度计划同步进行,也可滞后进行。

4.施工进度计划的编制程序和步骤

1)熟悉设计文件

设计文件是编制进度计划的根据。首先要熟悉工程设计图纸,全面了解工程概况,包括工程数量、工期要求、工程地区等,做到心中有数。

2)调查研究

在熟悉文件的基础上就需要进行调查研究,它是编制好进度计划的重要一步。要调查清楚施工的有关条件,包括资源(人、机、材料、构配件等)的供应条件、施工条件、气候条件等。凡编制和执行计划所涉及的情况和原始资料都在调查之列。对调查所得的资料和工程本身的内部联系,还必须进行综合的分析与研究,掌握其间的相互关系和联系,了解其发展变化的规律。

3)确定施工方案

施工方案主要取决于工程施工的顺序、施工方法、资源的供应方式、主要指标控制量等。在确定施工方案时,施工的顺序可作多种方案以便选出最优方案。施工方案的确定与规定的工期、可动用的资源、当前的技术水平有关。

4)划分施工过程(工序)

编制施工进度计划,首先应按施工图纸和施工顺序,将拟建工程的各个分部分项工程按先后顺序列出,并结合施工方法、施工条件和劳动组织等因素,加以适当调整,填在施工进度计划表的有关栏目内。

在确定施工过程时,应注意下述问题:

①施工过程划分粗细程度应根据施工进度计划的具体需要而定。控制性进度计划,可划分得粗一些,通常只列出分部工程名称;而实施性进度计划则应划分得细一些,特别是对工期

有直接影响的项目必须列出,以便于指导施工,控制工程进度。为了使进度计划简明清晰,在可能条件下尽量减少工程项目的数目,将某些次要项目合并到主要项目中去,或对同一时间内,由同一专业工程队施工的项目,合并为一个工程项目,对于次要的零星工程项目,可合并为其他工程一项。

②施工过程的划分要结合所选择的施工方案。例如桥梁构件安装工程,若采用分件吊装法,则施工过程的名称、数量和内容及安装顺序应按照构件来确定;若采用综合吊装法,则施工过程应按照施工单元(节间、区段)来确定。

③所有施工过程应按基本施工顺序先后排列,所采用的施工项目名称应与现行定额手册上的项目名称相一致。

④设备安装工程和水暖电卫工程通常由专业工程队组织施工。因此,在一般土建工程施工进度计划中,只要反映出这些工程与土建工程间的配合关系即可。

施工过程划定以后,为使以后使用方便,可列出施工过程一览表。表中必须有施工过程名称(或内容)、作业持续时间、同其他施工过程的关系等,见表7.1。

表7.1　××工程施工过程一览表

序号	施工过程名称	施工过程代号	作业持续时间	紧前工作	搭接关系	搭接时间
1						
⋮						

5)计算工程量,并查出相应定额

工程量计算应严格按照施工图纸和现行定额中对工程量计算所作的规定进行。如果已经有了预算文件,则可直接利用预算文件中有关的工程量。当某些项目的工程量有出入但相差不大时,可按实际情况予以调整。计算工程量时应注意以下几个问题:

①各分部分项工程的工程量计量单位应与现行定额手册中所规定的单位一致,以便计算劳动量和材料、机械台班消耗量时直接套用,以避免换算。

②结合选定的施工方法和安全技术要求计算工程量。例如,土方开挖工程量应考虑土的类别、挖土方法、边坡大小及地下水位等情况。

③结合施工组织的要求,按分区、分段和分层计算工程量。

④计算工程量时,尽量结合编制其他计划时使用工程量数据的方便,做到一次计算,多次使用。

根据所计算工程量的项目,在定额手册中查出相应的定额。

6)确定劳动量和机械台班数量

根据各分部分项工程的工程量、施工方法和现行劳动定额,结合本单位的实际情况计算

各施工过程的劳动量或机械台班数。计算公式如下：

$$P = \frac{Q}{S} \tag{7.1}$$

或
$$P = Q \cdot H \tag{7.2}$$

式中　P——完成某施工过程所需的劳动量,工日或台班；

　　　　Q——某施工过程的工程量,m^3,m,t,…；

　　　　S——某施工过程的人工或机械产量定额,m^3,m,t…/工日或台班；

　　　　H——某分部分项工程人工或机械的时间定额,工日或台班/m^3,m,t…。

在使用定额时,遇到一些特殊情况,可按下述方法处理：

①计划中的某个项目包括了定额中同一性质的不同类型的几个分项工程,可用其所包括的各分项工程的工程量与其产量定额(或时间定额)分别算出各自的劳动量,然后求和,即为计划中项目的劳动量。其计算公式如下：

$$P = \frac{Q_1}{S_1} + \frac{Q_2}{S_2} + \cdots + \frac{Q_n}{S_n} = \sum_{i=1}^{n} \frac{Q_i}{S_i} \tag{7.3}$$

式中　n——计划中的某个工程项目所包括定额中同一性质不同类型分项工程的个数；

其他符号含义同前。

②当某一分项工程由若干个具有同一性质而不同类型的分项工程合并而成时,按合并前后总劳动量不变的原则计算合并后的综合劳动定额。计算公式如下：

$$\overline{S} = \frac{\sum\limits_{i=1}^{n} Q_i}{\dfrac{Q_1}{S_1} + \dfrac{Q_2}{S_2} + \cdots + \dfrac{Q_n}{S_n}} \tag{7.4}$$

式中　$\overline{S}$——综合产量定额；

其他符号含义同前。

在实际工作中应特别注意合并前各分项工程工作内容和工程量的单位。当合并前各分项工程的工作内容和工程量单位完全一致时,公式中 $\sum Q_i$ 应等于各分项工程工程量之和,反之,应取与综合劳动定额单位一致且工作内容也基本一致的各分项工程的工程量之和。根据工程实际情况,综合劳动定额可与合并前各分项工程的劳动定额单位一致。

③在工程施工中,有时会遇到采用新技术或特殊施工方法的分部分项工程,因缺乏足够的经验和可靠资料,定额中未列出,计算时可参考类似项目的定额或经过实际测算,确定临时定额。

④计划中的"其他工程"项目所需劳动量,可根据实际工程对象,取总劳动量的一定比例(10%~20%)。

7）确定各施工过程的作业持续时间

计算各施工过程的作业持续时间主要有两种方法，如下所述。

（1）按劳动资源的配备计算持续时间

该方法是首先确定配备在该施工过程作业的人数或机械台数，然后根据劳动量计算出施工持续时间。计算公式如下：

$$t = \frac{P}{R \cdot N} \tag{7.5}$$

式中　t——某施工过程的作业持续时间；

　　　R——该施工过程每班所配备的人数或机械台数；

　　　N——每天工作班数；

　　　P——劳动量或机械台班数。

（2）根据工期要求计算

首先根据总工期和施工经验，确定各分部分项工程的施工天数，然后再按劳动量和班次确定出每一分部分项工程所需工人数或机械台数，计算式如下：

$$R = \frac{P}{t \cdot N} \tag{7.6}$$

式中符号含义同前。

在实际工作中，可根据工作面所能容纳的最多人数（即最小工作面）和现有的劳动组织来确定每天的工作人数。在安排劳动人数时，应考虑下述问题。

①最小工作面。是指为了发挥高效率，保证施工安全，每一个工人或班组施工时必须具有的工作面。一个施工过程在组织施工时，安排人数的多少会受到工作面的限制，不能为了缩短工期而无限制地增加工人人数，否则，会造成工作面不足而出现窝工。

②最小劳动组合。在实际工作中，绝大多数施工过程不能由一个人来完成，而必须由几个人配合才能完成。最小劳动组合是指某一施工过程要进行正常施工所必须的最少人数及其合理组合。

③可能安排的人数。根据现场实际情况，在最少必需人数和最多可能人数的范围内，安排工人人数。通常，若在最小工作面条件下，安排了最多人数仍不能满足工期要求时，可组织两班倒或三班倒。

确定施工持续时间应注意的是，在编制初始进度计划时，并不是完全根据当时的情况（施工条件和工期要求等），而是按照正常条件来确定一个合理的、经济的作业时间，待经过计算后，再根据具体要求运用网络计划技术计算出网络时间，找出关键线路之后，在必须压缩工期时，就可知道该压缩哪些工序，哪些地方有时差可利用，再对计划进行调整。这样做的好处是：一般较合理、费用较低，避免因抢工期而盲目压缩作业时间造成浪费。

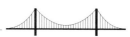

8）安排施工进度计划,制订进度计划的初始方案

在编制施工进度计划时,应首先确定主导施工过程的施工进度,使主导施工过程能尽可能地连续施工。其余施工过程应予以配合,服从主导施工过程的进度要求。具体方法如下:

（1）确定主要分部工程并组织流水施工

首先确定主要分部工程,组织其中主导分项工程的连续施工并将其他分项工程和次要项目尽可能地与主导施工过程穿插配合、搭接或平行作业。例如,现浇钢筋混凝土框架主体结构施工中,框架施工为主导工程,应首先安排其主导分项工程的施工进度,即框架柱扎筋、柱梁(包括板)立模、梁(包括板)扎筋、浇混凝土等主要分项工程的施工进度。只有在主导施工过程优先考虑后才能安排其他分项工程施工进度。

（2）按各分部工程的施工顺序编排初始方案

各分部工程之间按照施工工艺顺序或施工组织的要求,将相邻分部工程的相邻分项工程按流水施工要求或配合关系搭接起来,组成施工进度计划的初始方案。

（3）计算各项工作的时间参数并求出关键线路

利用网络图编制施工进度计划时,按工作的最早开始时间计算得到的工期就是计划工期,计算出来后,可与合同工期进行对比。各时间参数计算完成后,就能找出关键线路。应按规定用双箭线或颜色线明确表示出来,以利于分析和应用。

9）工期的审查与调整

时间参数计算完毕后,应首先审查总工期,看是否符合合同规定的要求。

若不超过,则在工期上符合要求。若超过,则压缩调整计划工期,如做不到,则要提出充分的理由和根据,以便就工期问题与建设部门做进一步商谈。

10）资源审查和调整

要进一步估算主要资源的需要量,审查其供应与需求的可能性。

若某一段时间内供应不能满足资源消耗高峰的需要,则要求调整这段时间的施工工序,使它们错开时间,减少集中的资源消费,以降到供应水平之下。

11）编制可行的进度计划方案,并计算技术经济指标

经工期和资源的调整后,计划能适应现有的施工条件与要求,因而是切实可行的。可绘出正规的网络图或横道图,并附以资源消耗曲线。

因是可执行的计划,所以有必要计算一下它的技术经济指标,如与定额工期比较,单方用工、劳动生产率、节约率等,可与过去的或先进的计划进行比较,也可逐步积累经验,对提高管理水平来说,是一项有意义的工作。

任务 5　资源需求量计划的编制

任务目标：

1.了解资源需求量计划的组成。

2.掌握劳动力需要量计划、施工机具需要量计划、主要材料需要量计划的编制步骤。

3.通过本次任务的学习,学生能够根据工程资料,独立完成资源需求量计划的编制。

4.培养学生独立思考、勇于探索与实践的科学精神。

知识模块：

编制资源需求量计划时应首先根据工程量查相应定额,便可得到各分部分项工程的资源需求总量,然后再根据进度计划表中分部分项工程的持续时间,得到某分部分项工程在某段时间内的资源需求平均数;最后将进度计划表纵坐标方向上各分部分项工程的资源需要量按类别叠加在一起并连成一条曲线,即为某种资源的动态曲线图和计划表。

1.劳动力需要量计划

劳动力需要量计划主要作为安排劳动力,调配和衡量劳动力消耗指标,安排生活及福利设施等的依据。

劳动力需要量是根据工程的工程量和规定使用的劳动定额及要求的工期计算完成工程所需要的劳动力。在计算过程中要考虑日历天中扣除节假日和大雨、雪天对施工的影响系数,另外还要考虑施工方法,是人力施工,还是半机械施工及机械化施工。因为施工方法不同,所需劳动力的数量也不同。

劳动力需要量计划

1)人力施工劳动力需求量的计算

①人力施工在不受工作面限制时,可直接查定额与工程量相乘计算需要的总工天,并除以工期即得劳动力数量,其计算公式如下：

$$R = \frac{Q}{T \cdot S} \tag{7.7}$$

式中　R——劳动力的需求量；

Q——人工施工的工程量；

T——工程施工的工作天数；

S——某施工过程的人工或机械产量定额（m^3,m,t…/工日或台班）。

考虑法定的节假日和气候影响,工程施工的工作天数将小于其日历天数。其计算可按式(7.8)进行。

$$T = 施工期的日历天数 \times 0.71 \cdot K \tag{7.8}$$

式中　0.71——节假日换算系数;

　　　K——气候影响系数,K 的取值随不同地区而变化。

②人力施工受到工作面限制时,计算劳动力的需要量必须保证每个人最小工作面这个条件,否则会在施工过程中出现窝工现象。每班工人的数量可按式(7.9)计算:

$$R = \frac{施工现场的作业面积(m^2)}{工人施工的最小工作面(m^2/人)} \tag{7.9}$$

2)半机械化施工方法施工时所需劳动力的计算

半机械化施工方法主要是有的施工项目采用机械施工,有的项目采用人力施工。如路基土石方工程,填、挖、运、压实等工序采用机械施工,而边坡、路拱、路肩修整及边坡夯实则采用人工施工。

半机械化施工方法在计算劳动力需要量时除了需要定额和工程量外,还要考虑充分发挥机械的工作效率和保证工期的要求,否则会出现窝工或者机械的工作效率降低的情况,影响工程施工成本。

3)机械化施工方法所需劳动力的计算

机械化施工方法所需要的劳动力主要是司机及维修保养人员和管理人员(即机械辅助施工人员)。因此,计算机械化施工方法所需的劳动力与机械的施工班次有关,每日一班制配备的驾驶员少于多班次工作的人数,辅助人员也相应减少。其次是与投入施工的机械数有关,投入的施工机械多所需要的劳动力也就多。只有同时考虑上述两个方面的问题,才能够较准确地计算所需的劳动力数量。

4)计算劳动力数量时选择的定额标准不同,其结果也不相同

编制指导性单位工程施工组织设计时必须按标书上的要求和规定执行。编制实施性单位工程施工组织设计时可根据本企业的定额标准或结合施工项目具体情况采取一些补充定额。因为实施性单位工程施工组织设计是编制施工成本的依据,而施工成本是项目经济承包及施工队、班(组)经济承包的依据。因此计算劳动力数量时不采用偏高或偏低的定额。

劳动力需要量计算完成后,需要将施工进度计划表内所列各施工过程的每天(或周、旬、月)所需的工人人数按工种汇总列成表格。其表格形式见表7.2。

表7.2　劳动力需求量计划表

序号	工作名称	工种类别	需求量	月份								
				1	2	3	4	5	6	7	8	…
汇总												

2. 施工机具需求量计划

机械需要量计划

施工机具需求量计划主要用于确定施工机具的类型、数量、进场时间，以及落实机具来源的组织进场。其编制办法是将施工进度计划表中的每一个施工过程，每天所需的机具类型、数量和时间进行汇总，便得到施工机具需求量计划表。其表格形式见表7.3。

表7.3　施工机具需求量计划表

序号	机具名称	型号	需求量		货源	使用起止时间	备注
			单位	数量			

3. 主要材料需求量计划

材料需要量计划

材料需求量计划表是作为备料、供料、确定仓库、堆场面积及组织运输的依据。其编制方法是根据施工预算的工料分析表、施工进度计划表，材料的贮备和消耗定额，将施工中所需材料按品种、规格、数量、使用时间计算汇总，填入主要材料需求量计划表。其表格形式见表7.4。

表7.4　主要材料需求量计划表

序号	材料名称	规格	需求量		供应时间	备注
			单位	数量		

4.构件和半成品需求量计划

构件和半成品需求量计划主要用于落实加工订货单位,并按照所需规格、数量、时间,组织加工、运输和确定仓库或堆场,可按施工图和施工进度计划编制。其表格形式见表7.5。

表 7.5　构件和半成品需求量计划表

序号	品名	规格	图号	需求量		使用部位	加工单位	供应日期	备注
				单位	数量				

任务6　施工平面图设计

任务目标:

1.掌握施工平面图布置的原则。

2.掌握施工平面图布置的内容。

3.通过本次任务的学习,学生能够根据工程资料,独立完成单位工程施工平面图的布置。

4.培养学生科学严谨的工作态度。

知识模块:

施工现场和场地布置是单位工程施工组织设计的基本内容之一,它需要考虑的问题多且广泛。它是一项实践性、综合性很强的工作,只有充分掌握了现场的地形、地物,熟悉了现场的周围环境和其他有关条件,并对本工程情况有了一个清楚与正确的认识之后,才能做到统筹规划,合理布局。

施工平面图设计方法

1.施工平面图的分类

施工平面图按其作用可分为两类,如下所述。

1)施工总平面图

施工总平面图是以整个工程项目或一个合同段为对象的平面布置,主要反映整个工程平面的地形情况、料场位置、运输路线、生活设施等的位置和相互关系。

2）单位工程或分部、分项工程的施工平面图

它是以单位工程或分部、分项工程为对象而设计的平面组织形式。如某合同段的独立大桥施工平面图、附属加工厂施工平面图、基础工程施工平面图、主梁预制、存放和吊装的施工平面图等。对于分部、分项工程的施工平面图,应当根据各施工阶段现场情况的变化,分别绘制不同施工阶段的施工平面图。

2. 施工平面图布置的原则

①应尽量不占或少占农田,充分利用山地、荒地,重复使用空地,在弃土、清理场地时,有条件的应结合施工造田、复田。

②尽量降低运输费用,保证运输方便、减少和避免二次搬运。为了缩短运输距离,各种物资按需要分批进场,弃土场、取土场布置尽量靠近作业地点。

③尽量降低临时建筑费用,充分利用原有房屋、管线、道路和可缓拆或暂不拆除的前期临时建筑,为施工服务。

④以主体工程为核心布置其他设施,要有利生产、方便生活,临时设施建筑不应影响主体工程施工进展,工人在工地上往返时间短,居住区和施工区要近,居住区应水源充足且清洁。

⑤遵循技术要求,符合劳动保护和防火要求。如人员与其他设施距离爆破点的直线距离不得小于规定的飞块、飞石的安全距离等。

⑥施工指挥中心应布置在适中位置,既要靠近主体工程,便于指挥,又要靠近交通枢纽,方便内外交通联系。

施工现场平面布置的情况应以场地平面布置图表示出来。在施工平面布置图内应表示出拟建建筑物的平面位置,场地内需要修建的各项临时工程和露天料场、作业场的平面位置和占地面积,以及场地内各种运输线路,包括由场外运送材料至工地的进出口线路。

3. 施工平面图设计的内容

施工平面图是根据施工方案、施工进度要求及资源进场存放量进行设计的。其内容的多少与施工期限长短、工程量大小、地形地貌的复杂程度有关。一般应包括以下主要内容:

①标定地界内及附近已有的和拟建的地上、地下建筑物及其他地面附着物、农田、果园、树林、地下洞穴、坟墓等位置及主要尺寸。

②标出需要拆迁建筑物,永久或临时占用的农田、果园、树林。

③标出新建线路中线位置及里程、桥涵、隧道等结构物位置及里程。

④标出取土和弃土场位置。当取土和弃土场离施工现场很远,在平面布置上无法标注

时,可用箭头指向取土或弃土场方向并加以说明。

⑤标出划分的施工区段。当一个施工区段有两个以上施工单位时,要标出各自的施工范围。

⑥标出既有公路、铁路线路方向和位置里程及与施工项目的关系,因施工需要临时改移公路的位置。

⑦标出既有高压线位置、水源位置(既有的水井)、既有的河流位置及河道改移位置。

⑧临时设施的布置。

A. 各种运输道路及临时便桥、过渡工程设施的位置。

B. 临时生活房屋位置。如管理人员、施工人员的宿舍,管理办公用房,食堂、浴池、文化服务房。

C. 各种加工房屋位置:

a. 钢筋加工棚。

b. 混凝土成品预制厂。

c. 混凝土拌和楼、站。

D. 各种材料、半成品、成品等仓库或堆栈位置。

E. 大堆料的堆放地点及机械设备的设置地点位置,如砂、石料堆放处等。

F. 临时供电线(变电站)、供水、蒸汽、压缩空气站及其管线和临时通信线路等。

G. 其他生产房屋、木工棚、钢筋棚、机具修理棚、车库、油库、炸药库等。

H. 现场安全及防火设施等。

I. 施工场地排水系统位置。

4. 临时设施的规划和布置

1)材料加工及机械修配场地的规划和布置

施工单位为满足自身的需要,应设置采石场、采砂场、混凝土构件预制场、金属加工厂、机械修配厂等。

对于预制场,一般宜设在工地,以减少构件的运输。对于砂石材料开采场,宜设在材料产地。如有两个或两个以上产地可供选择时,选择的条件首先是材料品质要符合设计要求,其次是运输距离要近,最后是开采难度低、成材率高。要加以综合考虑,作出综合经济分析。对于材料加工场地,则一般设在原材料产地较为有利。

2)工地临时房屋的规划与布置

工地临时房屋主要包括施工人员居住用房、办公用房、食堂和其他生活福利设施用房,以及实验室、动力站、工作棚和仓库等。这些临时房屋应建在施工期间不被占用、不被水淹、不被塌方影响的安全地带。现场办公用房应建在靠近工地,且受施工噪声影响小的地方;工人宿舍、文化生活用房应避免设在低洼潮湿、有烟尘和有害健康的地方;此外,房屋之间还应按消防规定相互隔离,并配备灭火器。

减少临时房屋费用,是单位工程施工组织设计的目标之一。应做周密的计划安排,并应采取以下各项措施:

①提高机械化施工程度,减少劳动力需要量;合理安排施工,使施工期间的劳动力需要量均匀分布,避免在某一短时期工人人数出现突出的高峰,这样可以减少临时房屋的需要量。

②尽量利用居住在工地附近的劳动力,这样可以节省这部分人的租房费用。

③尽量利用当地可以租用的房屋。

④如设计中需要修建将来管、养道路的房屋,应尽可能提前修建,以便施工期间利用。

⑤房屋构造应简单,并尽量利用当地材料。

⑥广泛采用能多次利用的装配式临时房屋。

3)工地仓库及料场布置

工地储存材料的设施,一般有露天料场、简易料棚和临时仓库等。易受大气侵蚀的材料,如水泥、铁件、工具、机械配件及容易散失的材料等,宜储存在临时仓库中,钢材、木材等宜设置简易料棚堆放,砂、石、石灰等一般是在露天料场中堆放。

仓库、料棚、料场的设置位置,必须选择运输及进出料方便,并且尽量靠近用料最集中、地形较平坦的地点。设计临时仓库、料棚时,应根据储存材料的特点,进料、出料的便利,以及合理的储备定额来计算需要的面积。面积过大会增加临时工程费用,过小则可能满足不了储备需要从而增加管理费用。

材料必须有适当的储备量,以保证施工能不间断地进行。但过多的储备要多建仓库和积压流动资金,并且像水泥这类材料,储存过久会导致受潮结块及标号降低,从而影响工程质量。所以,应正确决定适当的储备量。

4)施工场内运输的规划

在工地范围内,从仓库、料场或预制场等地到施工点的料具、物资搬运,称为场内运输。场内运输方式应根据工地的地形、地貌,材料在场内的运距、运量,以及周围道路和环境等因素选择。如果材料供应运输与施工进度能密切配合,做到场外运输与场内运输一次完成,即由场外运来的材料直接运至施工使用地点;或场内外运输紧密衔接,材料运到场内后不存入仓库、料场,而由场内运输工具转运至使用地点,这是最经济的运输组织方法。这样可节省工地仓库、料场的面积,减少工地装卸费用。但这种场内外运输紧密结合的组织方法在工程实践中是很难做到的,大量的场内运输工作是不可避免的。

当某些工程的用料数量较大,而运输路线又固定不变时,采用轨道运输是比较经济的。

当用料地点比较分散,运输线路不固定,特别是运输线路中有上下坡及急转弯等情况时,可采用汽车运输。采用汽车运输时,道路应与材料加工厂、仓库的位置结合布置,并与场外道路衔接;应尽量利用永久性道路,提前修建永久路基和简易路面;必须修建临时道路时,要把仓库、施工点贯穿起来,按货流量大小设计其规格,末端应有回车场,并避免与已有永久性铁路、公路交叉。

一些零星的运输工作,不可能或不必要采用上述运输方法的,可利用手推车运输,即使在机械化程度很高的工地,这种简单的运输工具也有"用武之地"。

5)工地供电的规划

工地用电包括各种电动施工机械和设备的用电,以及室内外照明的用电。工程施工离不开用电,做好工地供电的组织计划对保证施工的顺利进行有着重要作用。

工地用电应尽可能利用当地的电力供应,从当地电站、变电站或高压电网取得电能。当地没有电源,或电力供应不能满足施工需要的情况下,则要在工地设置临时发电站。最好选用两个来源不同的电站供电,或配备小型临时发电装置,以免工作中偶然停电造成损失。同时,还要注意供电线路、电线截面、变电站的功率和数目等的配置,使它们可以互相调剂、不致因线路发生局部故障而引起停电。

用电安全是供电组织计划中必须考虑的问题。用电应符合有关用电安全规程的要求。临时变电站应设在工地入口处,避免高压线穿过工地;自备发电站应设在现场中心,或主要用电区,考虑便于转移。供电线路不宜与其他管线同路或距离太近。

6)工地供水的规划

工程施工离不开水,单位工程施工组织设计必须规划工地临时供水问题,确保工地用水和节省供水费用。

工地用水分为生产用水和生活用水两类,均应符合水质要求。否则应设置处理设施进行过滤、净化等。工地供水设施包括水泵站、水塔或储水池,以及输水管、线路等。在布置施工场地时,应尽量使用水作业的工作地点互相靠近,并接近水源,以减少管道长度和水的损失。

供水管路的设计应尽量使长度最短。在温暖的地方,管道可敷设在地面。穿过场地交通运输道路时,管道要埋入地下30 cm深。在冰冻地区,管道应埋在冰冻深度以下。用明沟等方式输水时,一般在使用地点修建蓄水池,将水注入储水池备用;用钢管或铸铁管输水时,管道抵达用水地点后要安装龙头,并可连接橡皮软管,以便灵活移动出水口位置,供应不同位置的用水需要。

任务7　单位工程施工组织设计的评价

任务目标：

1. 掌握单位工程施工组织总设计的技术经济评价指标组成。

2. 能理解单位工程施工组织总设计的技术经济评价方法。

3. 通过本次任务的学习,培养学生科学严谨的工作态度。

知识模块：

施工组织总设计是对整个建设项目或群体工程施工的全局性、指导性文件,其编制质量的好坏对工程建设的进度、质量和经济效益影响较大。因此,对单位工程施工组织设计进行技术经济评价的目的在于对单位工程施工组织设计通过定性及定量的计算分析,论证其在技术上是否可行,在经济上是否合算,对照相应的同类型有关工程的技术经济指标,反映所编制的单位工程施工组织设计的最后效果,并应反映在单位工程施工组织设计文件中,作为施工组织总设计的考核评价和上级审批的依据。

1. 单位工程施工组织设计的技术经济评价的指标体系

单位工程施工组织设计中常用的技术经济指标有施工周期、工程质量、全员劳动生产率、主要材料使用指标、机械化施工程度、成本降低指标等。主要指标的公式如下：

1）施工周期

施工周期是指工程从开工到竣工所用的全部日历天数。

2）质量指标

质量指标是单位工程施工组织设计中确定的控制目标。

$$质量优良品率 = \frac{优良工程个数(或面积、延长米等)}{施工项目总个数(或面积、延长米等)} \times 100\% \qquad (7.10)$$

3）劳动指标

（1）劳动力不均衡系数

劳动力不均衡系数表示整个施工期间使用劳动力的均衡程度。以接近 1 为好,一般不能大于2。

$$劳动力不均衡系数 = \frac{施工高峰期人数}{施工平均人数} \qquad (7.11)$$

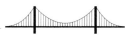

（2）全员劳动生产率

$$全员劳动生产率 = \frac{完成的工作量（元）}{全体职工平均人数} \times 100\% \qquad (7.12)$$

每月的全员劳动生产率应力求均衡。

4）机械化施工程度

$$机械化施工程度 = \frac{机械化施工完成的工程量}{总工作量} \times 100\% \qquad (7.13)$$

5）工厂化施工程度

$$工厂化施工程度 = \frac{预制加工厂完成的工作量}{总工作量} \times 100\% \qquad (7.14)$$

6）主要材料节约率

$$主要材料节约率 = \frac{主要材料预算用量 - 计划用量}{主要材料预算用量} \times 100\% \qquad (7.15)$$

7）降低成本指标

$$成本降低率 = \frac{预算成本 - 计划成本}{预算总成本} \times 100\% \qquad (7.16)$$

8）临时工程投资比例

临时工程投资比例是指全部临时工程投资费用与总工作量之比，表示临时设施费用支出情况。

$$临时工程投资比例 = \frac{全部临时工程投资额}{总成本} \times 100\% \qquad (7.17)$$

2. 单位工程施工组织设计的技术经济评价

每一项施工活动都可以采用多种不同的施工方法和应用不同的施工机械，不同的施工方法和不同的施工机械对工程的工期、质量和成本费用等都有不同的影响。因此，在编制单位工程施工组织设计时，应根据现有的以及可能获得的技术和机械情况，拟订几个不同的施工方案，然后从技术上、经济上进行分析比较，从中选出最合理的方案，把技术上的可能性与经济上的合理性统一起来，以最少的资源消耗获得最佳的经济效果，多快好省地完成施工任务。

施工方案的技术
经济分析

对单位工程施工组织设计（施工方案）进行技术经济分析,常用的有两种方法,即定性分析法和定量分析法,现分述如下:

1）定性分析法

定性分析法是根据实际施工经验对不同施工方案的优劣进行分析比较。例如,对垂直运输设备,是采用井字架适当,还是采用塔吊适当？划分流水作业时,是二段流水有利于加快施工进度,还是三段流水有利于加快施工进度？钢筋混凝土烟囱是采用滑模施工,还是采用提模施工？冬季混凝土施工是采用保温法冬施方案,还是采用电热法冬施方案？

定性分析法主要凭经验进行分析、评价,虽比较方便,但精确度不高,也不能优化,决策易受主观因素的制约,一般常在施工实践经验比较丰富的情况下采用。

2）定量分析法

定量分析法是对不同的施工方案进行一定的数学计算,将计算结果进行优劣比较。如有多个计算指标的,为便于分析、评价,常常对多个计算指标进行加工,形成单一（综合）指标,然后进行优劣比较。定量分析法一般有评分法和价值法两种方法。

模块小结

单位工程施工
组织设计实例

本章介绍了单位工程施工组织设计的概念、作用、分类及任务;阐述了单位工程施工组织设计编制的要求与原则、单位工程施工组织设计的内容、编制步骤;介绍了施工方案的制订原则,施工方法、机械的选择和优化,施工顺序的选择和技术措施的设计;介绍了施工进度计划的编制要求和编制步骤;介绍了单位工程施工组织设计中资源需求计划的编制及施工总平面图的设计原则和内容,以及如何对单位施工组织的设计进行技术经济评价。

思考与拓展

1. 什么是单位工程施工组织设计？
2. 试述单位工程施工组织设计的编制依据和程序？
3. 单位工程施工组织设计包括哪些内容？
4. 工程概况及施工特点分析包括哪些内容？
5. 施工方案包括哪些内容？
6. 确定施工顺序应遵守的基本原则是什么？
7. 确定施工顺序应具备哪些基本要求？
8. 选择施工方法和施工机械应满足哪些基本要求？

9. 主要分部分项工程的施工方法和施工机械选择如何确定？

10. 试述技术措施的主要内容。

11. 保证和提高工程质量的措施应从哪几个方面考虑？

12. 确保施工安全的措施有哪些？

13. 如何降低工程成本？

14. 现场文明施工应采取什么样的措施？

15. 如何对施工方案进行评价？

16. 什么是单位工程施工进度计划，它有什么作用？

17. 单位工程施工进度计划可分几类？分别适用于什么情况？

18. 单位工程施工进度计划的编制依据是什么？

19. 单位工程施工进度计划的编制步骤是怎样的？

20. 施工过程划分应考虑哪些要求？

21. 如何确定施工过程的劳动量或机械台班量？

22. 如何确定施工过程的延续时间？

23. 资源需要量计划有哪些？

24. 单位工程施工平面图包括哪些内容？

25. 单位工程施工平面图设计应遵循什么样的原则？

26. 如何设计单位工程施工平面图？

27. 如何对单位工程施工组织设计进行评价？

实习实作

1. 根据已知工程资料，确定单位工程施工程序及施工顺序。

2. 根据已知工程资料，能制订单位工程施工进度计划与资源需要量计划。

3. 根据已知工程资料，能完成单位工程施工平面图的绘制。

4. 邀请企业导师，批阅、指导学生提交的施工平面图、施工进度计划等课程作业。

模块 8　BIM 在施工组织管理中的运用

案例引入

　　某工程位于重庆市××园内。工程施工范围包括道路工程、雨水工程、电气工程和绿化工程。在施工阶段运用 BIM 技术,可以加快施工进度,增强施工管理,降低施工成本。

　　现代的工程项目对管理的要求越来越高,对质量、投资回报、计划进度要求严格。无论是业主方还是总承包单位的管理,都要围绕着工程的进度、质量、成本来开展工作。随着 BIM 技术的逐渐成熟,其应用已贯穿于规划、设计、施工和运营的项目全生命周期。目前,许多市政工程项目在不同阶段和不同程度上都使用了 BIM。

　　BIM 技术不仅是一种工程技术,更是一种体现伦理、责任、创新和社会意识的工具。首先,BIM 技术在市政工程施工组织管理中的应用不仅是一种创新,更体现了社会责任感和可持续发展的理念。通过精准的数据分析,BIM 可以帮助人们减少资源浪费,降低对环境的影响,实现工程建设与环保的平衡,强化从业者的社会责任感,培养从业者注重环保、关心社会问题的意识。其次,BIM 技术的应用涉及数据安全和隐私保护,这需要从业者具备高度的职业道德和诚信意识。在 BIM 技术的背后,是大量的工程数据和信息,从业者必须保证这些数据的真实性和保密性,遵守职业道德,对客户、工人和企业的利益负责,因此从业者需要具备诚信和责任意识。此外,BIM 技术的应用也鼓励了团队合作和跨界协作。市政工程施工涉及众多的专业和领域,BIM 为不同部门、工种之间的协作提供了平台。其要求团队具有合作和协调沟通的能力,强调合作共赢的价值观。最后,BIM 技术的快速发展也要求从业者保持终身学习和自我提升的意识。技术在不断更新,从业者需要不断跟进,保持学习态度,适应技术发展的需求。

任务 1　基于 BIM 技术的施工管理

　　任务目标:

　　1. 熟悉 BIM 技术在施工现场管理的应用价值。

　　2. 了解基于 BIM 的施工现场管理的优势。

　　3. 通过本次任务的学习,了解 BIM 技术在市政工程领域的发展与动态,培养学生的职业认同感。

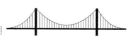

知识模块：

BIM 技术自出现以来就迅速覆盖工程项目的各个领域。BIM 技术与施工管理结合是发展的必然趋势。传统的项目管理模式即"设计—招投标—建造"模式，将设计、施工分别委托不同单位承担。设计基本完成后通过招标选择承包商，业主和承包商签订工程施工合同和设备供应合同，由承包商与分包商和供应商单独订立分包及材料的供应合同并组织实施。业主单位一般指派业主代表负责有关的项目管理工作。施工阶段的质量控制和安全控制等工作一般授权监理工程师进行。

引入 BIM 技术后，将从建设工程项目的组织、管理和手段等多个方面进行系统的变革，实现理想的建设工程信息积累，从根本上消除信息的流失和信息交流的障碍。

BIM 中含有大量的工程相关的信息，可为工程提供数据后台的巨大支撑，可以使业主、设计院、施工总承包、专业分包、材料供应商等众多单位在同一个平台上实现数据共享，使沟通更为便捷、协作更为紧密、管理更为有效，从而弥补传统项目管理模式的不足。BIM 引入后的工作模式转变如图 8.1 所示。

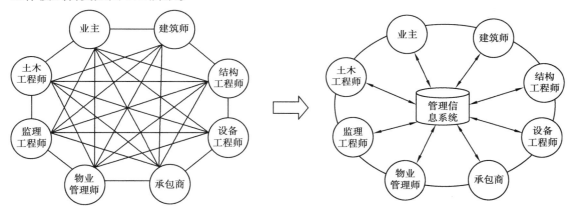

图 8.1　BIM 引入后的工作模式转变

基于 BIM 的管理模式是创建信息、管理信息、共享信息的数字化方式，具有很多优势，具体如下所述。

①通过建立 BIM 模型，能够在设计中最大限度地满足业主对设计成果的细节要求。业主可在线以任何一个角度观看设计产品的构造，甚至是小到一个插座的位置、规格、颜色，业主也可以在设计过程中在线提出修改意见，从而使精细化设计成为可能。

②工程基础数据如量、价等可以实现准确、透明及共享，能完全实现短周期、全过程对资金风险以及盈利目标的控制。

③能对投标书、预算书、结算书进行统一管理，并形成数据对比。

④能对施工合同、支付凭证、施工变更等工程附件进行统一管理，并对成本测算、招投标、签证管理、支付等全过程造价进行管理。

⑤BIM 数据模型能够保证各项目的数据动态调整，方便追溯各个项目的现金流和资金

状况。

⑥根据各项目的形象进度进行筛选汇总,能够为领导层更充分地调配资源、进行决策提供有利条件。

⑦基于 BIM 的4D 虚拟建造技术能够提前发现在施工阶段可能出现的问题,并逐一修改,提前制订应对措施。

⑧能够在短时间内优化进度计划和施工方案,对存在的问题,提出相应的方案用于指导实际项目施工。

⑨能够使标准操作流程可视化,随时查询物料及产品质量等信息。

⑩利用虚拟现实技术实现对资产、空间管理,工程系统分析等技术内容,从而便于运营维护阶段的管理应用。

⑪能够对突发事件进行快速应变和处理,快速准确掌握工程的运营情况,如对火灾等安全隐患进行及时处理,减少不必要的损失。

综上所述,采用 BIM 技术可使整个工程项目在设计、施工和运营维护等阶段都能有效地实现制订资源计划、控制资金风险、节省能源、节约成本、降低污染及提高效率。

任务2　BIM 在施工项目管理中的应用内容

任务目标:

1.熟悉 BIM 技术施工现场管理的具体内容。

2.了解基于 BIM 的施工现场管理的应用。

3.通过本次任务的学习,培养树立持续学习的习惯。

知识模块:

由于施工项目有施工总承包、专业施工承包、劳务施工承包等多种形式,其施工管理的任务和工作重点也有很大差别。引入 BIM 技术后,需要针对项目的需求进行具体的内容划分。BIM 在施工管理中按不同工作阶段、内容、对象和目标可以分很多类别,具体见表8.1。

表 8.1

类别	按工作阶段划分	按工作对象划分	按工作内容划分	按工作目标划分
1	投标签约管理	人员管理	设计及深化设计	工程进度控制
2	设计管理	机具管理	各类计算机仿真模拟	工程质量控制
3	施工管理	材料管理	信息化施工、动态工程管理	工程安全控制
4	竣工验收管理	工法管理	工程过程信息管理与归纳	工程成本控制
5	运维管理	环境管理	—	—

以施工阶段为例,对 BIM 在施工管理的具体内容进行梳理,其具体应用内容见表8.2。

表 8.2

工作阶段	具体应用点	操作方法	具体应用效果
施工管理	建立 4D 施工信息模型	把大量的工程相关信息(如构件和设备的技术参数、供方信息、状态信息)录入信息模型中,将 3D 模型与施工进度相链接,并与施工资源和场地布置信息集成一体,建立 4D 信息模型	4D 施工信息模型是实现建设项目施工阶段工程进度、人力、材料、设备、成本和场地布置的动态集成管理及施工过程的可视化模拟基础; 在运营过程中可以随时更新模型,通过对这些信息快速准确地筛选调阅,能够为项目的后期运营带来很大便利
	碰撞检查	将建立好的各个 BIM 模型在碰撞检测软件中检查软硬碰撞,并出具碰撞报告	能够彻底消除硬碰撞、软碰撞,优化工程设计,避免在施工阶段可能发生的错误损失和返工的可能。能够优化净空及优化管线排布方案
	构件工厂化生产	基于 BIM 设计模型对构件进行分解,对其标注二维码,在工厂加工好后运到现场进行组装	精确度高,失误率低
	钢结构预拼装	大型钢结构施工过程中变形较大,传统的施工方法要在工厂进行预拼装后再拆开到现场进行拼装。BIM 技术可以把需要现场安装的钢结构进行精确测量后在计算机中建立与实际情况相符的模型,实现虚拟预拼装	为技术方案论证提供新的技术依据,减少方案变更
	虚拟施工	在计算机上执行建造过程,模拟施工场地布置、施工工艺、施工流程等,形象反映出工程实体实况	能够在实际建造之前对工程项目的功能及可建造性等潜在问题进行预测,包括施工方法实验、施工过程模拟及施工方案优化等; 利用 BIM 模型的虚拟性与可视化,提前反映施工难点,避免返工
	工程量统计	基于模型对各环节工作的分解,精确统计出各环节工作工程量,结合工作面和资源供应情况分析后,可精确地组织施工资源进行实体修建	实现真正的定额领料并合理安排运输
	进度款管理	根据三维模型图形分楼层、区域、构件类型、时间节点等进行"框图出价"	能够快速、准确地进行月度产值审核,实现过程三算对比,对进度款的拨付做到游刃有余; 工程造价管理人员可及时、准确地筛选和调用工程基础数据

续表

工作阶段	具体应用点	操作方法	具体应用效果
施工管理	材料领取	利用 BIM 模型的 4D 关联数据库,快速、准确获得过程中工程基础数据拆分实物量	随时为采购计划的制订提供及时、准确的数据支撑,并随时为限额领料提供及时、准确的数据支撑,为飞单等现场管理情况提供审核基础
	可视化技术交底	通过模型进行技术交底	直观地让工人了解自身任务及技术要求
	BIM 模型维护与更新	根据变更单、验证单、工程联系单、技术核定单等相关资料派驻人员进驻现场配合	为项目各管理条线提供最及时、准确的工程信息
竣工验收管理	工程文档管理	将文档(勘察报告、设计图纸、设计变更、会议记录、施工声像及照片、签证和技术核定单、设备等相关信息、各种施工记录、其他建筑技术和造价资料相关信息等)通过手工操作和 BIM 模型中相应部位进行链接	对文档快速搜索、查阅、定位,充分提高数据检索的直观性,提高工程相关资料的利用率

任务3　企业 BIM 项目管理应用案例

任务目标:

1.熟悉 BIM 技术编制专项施工方案。

2.了解 BIM 技术进行进度管控。

3.了解运用 BIM 技术进行施工场地布置。

4.通过本次任务的学习,培养学生树立使用现代工程工具和信息技术工具的理念。

知识模块:

随着 BIM 技术的逐渐成熟,其应用已贯穿规划、设计、施工和运营的项目全生命周期。如何将 BIM 技术运用到施工阶段,从而提高设计质量,加快施工进度,增强施工管理,降低施工成本。下面将结合具体的案例进行介绍。

一、项目概况

项目名称:重庆市×市政工程项目。

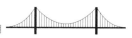

项目业主:重庆××公司。

项目地点:北部新区两江幸福广场。

项目规模:项目用地面积约 24 547 m²,其中地上面积约 6.1 万 m²,地下约 4 万 m²。

二、BIM 实施方案

1. BIM 的组织架构

本项目 BIM 小组组织架构如图 8.2 所示,BIM 工作组组长负责 BIM 小组管理,统一协调 BIM 各相关方,如各专业 BIM 工程师、计划协调管理部、物资设备部、商务合约部、其他设计方、各分包商等。BIM 相关各部门按工作量大小,至少指定 1 位熟练掌握本专业业务、熟悉 BIM 建模、浏览软件操作的人员,组成项目各部门 BIM 团队,负责相关专业工作。

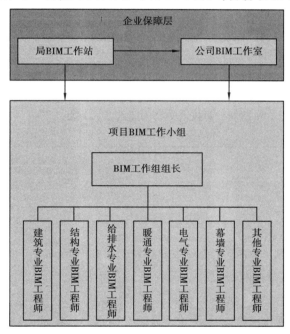

图 8.2　组织架构图

2. 岗位职责

本项目 BIM 小组主要负责 BIM 模型的创建、维护,确保设计和深化设计图清楚、形象地展现在模型里,可以更好地发现图纸问题并及时解决;可以表现出钢构件组装流程,各种施工工艺等,以便更好地优化施工方案和工作计划;进行模拟施工,进而优化工程施工进度计划。同时,定期组织对项目部管理人员的培训工作。项目管理团队整体有关 BIM 工作的职责见表 8.3。

表 8.3　项目管理团队 BIM 工作职责一览表

主要岗位/部门	BIM 工作及责任	BIM 能力要求	培训频率
项目经理	监督、检查项目执行进展	基本应用	1 月/次
BIM 小组组长	制订 BIM 实施方案并监督、组织、跟踪	基本应用	1 月/次
项目副经理	制订 BIM 培训方案并负责内部培训考核、评审	基本应用	1 月/次
测量负责人	采集及复核测量数据,为每周 BIM 竣工模型提供准确数据基础;利用 BIM 模型导出测量数据指导现场测量作业	熟练运用	2 周/次
技术管理部	利用 BIM 模型优化施工方案,编制三维技术交底	熟练运用	2 周/次
BIM 工作室	预算及施工 BIM 模型建立、维护、共享、管理;各专业协调、配合;提交阶段竣工模型,与各方沟通;建立、维护、每周更新和传送问题解决记录(IRL)	精通	1 周/次
施工管理部	利用 BIM 模型优化资源配置组织	熟练运用	2 周/次
机电安装部	优化机电专业工序穿插及配合	熟练运用	2 周/次
物资设备管理部	利用 BIM 模型生成清单,审批、上报准确的材料计划	熟练运用	2 周/次
质量管理部	通过 BIM 进行质量技术交底,优化检验批划分、验收与交接计划	熟练运用	2 周/次

3. BIM 的软硬件环境

(1)软件平台

BIM 技术应用软件见表 8.4,负责提供并维护上述软件的许可证并对 BIM 工作相关部门人员进行培训,以充分支持建模、浏览、协调和模型更新任务。

总承包商为建设单位、项目管理公司和顾问团队提供一个可以监督 BIM 工作的在线的、安全的、可实现的 BIM 协作平台。这样的平台应能支持 3D 技术,随时检查总承包商提交的 BIM 信息模型。

表 8.4　BIM 小组软件配置一览表

软件类型	软件名称	保存版本	软件许可证
三维建模软件	Autodesk Revit	2014	15
模型整合平台	Navisworks Manage	2014	1
二维绘图软件	AutoCAD	2012	20
文档生成软件	Microsoft office	2010	20

（2）硬件平台

为充分保障 BIM 技术所需软件的正常运行,使用的计算机硬件平台为戴尔 T3600 专业级图形工作站或更高配置,计算机数量满足 BIM 工作各相关部门的使用需要。同时也应提供 BIM 软件给建设单位、项目管理公司和顾问团队,方便检查各专业的 BIM 模型元素。

4. BIM 实施计划

（1）BIM 前期实施计划

根据本工程业主要求,以及综合考虑本工程的总体施工进度计划,为保证工程的顺利进行,特制订以下 BIM 专项工作计划,具体见表 8.5。

表 8.5　BIM 实施计划

工作内容	完成时间及结果	
初设结构优化阶段		
BIM 团队的组建	合同完成前完成核心建模人员的召集工作,合同签订前完成整体 BIM 团队的组建工作	
初设阶段结构优化报告及说明	结构专业初设完成后 15 日内向甲方提供	电子版及文本图纸 3 份
各专业施工图校核及 BIM 模型阶段		
各专业 BIM 模型	各专业施工图校核得到甲方和设计单位确认后 15 日内	电子版及文本图纸 1 份
各专业施工图设计校核报告及说明书	收到各专业电子版施工图之日起 15 日内	电子版 1 份
综合施工图设计校核及 BIM 模型阶段		
综合施工图校核报告及说明书	收到各专业修改电子版施工图之日起 20 日内	电子版及文本图纸 3 份
综合施工图 BIM 模型	各专业施工图得到甲方和各专业设计单位确认后 30 日内	电子版 1 份

（2）BIM 交付期工作计划

BIM 工作完成后交付的成果,包括纸质文档(图纸、图片、报告等)和电子文档(CAD 电子图档、BIM 模型、视频等)。

5. BIM 工作流程

工程项目 BIM 模型常见应用点的工作流程,如图 8.3 所示。

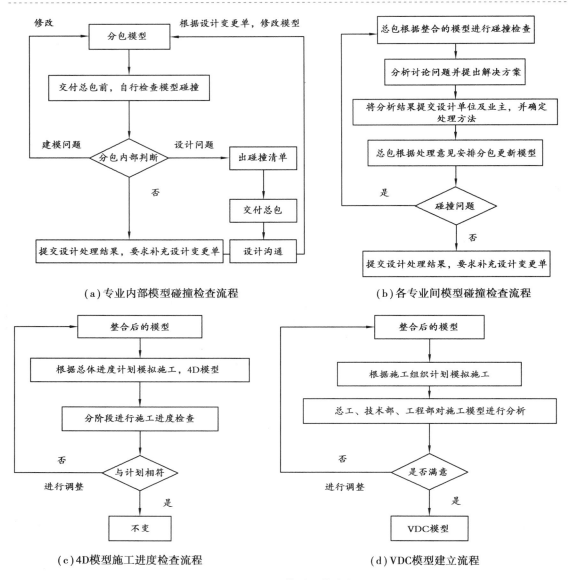

图 8.3　BIM 模型工作流程

6. BIM 建立及维护

（1）BIM 建立

总承包单位对设计图纸进行深化，在工程开始阶段就建立 BIM 模型，对图纸进行仔细核对和完善。

①由设计单位提供设计图纸、设备信息和 BIM 创建所需数据。

②对设计提供的数据进行核对，组织设计和业主代表召开 BIM 模型及相关资料交接会。

③根据设计和业主的补充信息完善 BIM 模型。

④所有文件和相关的文件夹结构的 BIM 提交给建设单位的项目文档，总承包商将开发一

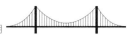

种命名约定,经建设单位批准。总承包商在项目运行期间严格遵循这些 BIM 文件命名和组织结构。

⑤结合招标文件要求,在创建 BIM 模型的同时,项目将上报表 8.6 所示内容,并根据表格内容的适用性在施工过程中进行完善和相关资料维护。

表 8.6　BIM 模型管理协议和流程

序号	模型管理协议和流程	适用于本项目(是或否)	详细描述
1	模型起源点坐标系统、精密、文件格式和单位	是/否	是/否
2	模型文件存储位置(时间)	是/否	是/否
3	流程传递和访问模型文件	是/否	是/否
4	命名约定	是/否	是/否
5	流程聚合模型文件	是/否	是/否
6	模型访问权限	是/否	是/否
7	设计协调和冲突检测程序	是/否	是/否
8	模型安全需求	是/否	是/否

(2)施工过程中的维护

总承包单位在施工阶段对 BIM 模型进行维护,保证施工顺利进行,时时更新,确保 BIM 模型中的信息正确无误。

①根据施工过程中的设计变更及深化设计,及时修改、完善 BIM 模型。

②根据施工现场的实际进度,及时修改、更新 BIM 模型。

③根据业主对工期节点的要求,上报业主与施工进度和设计变更相一致的 BIM 模型。

(3)BIM 数据安全管理

①BIM 小组采用独立的内部局域网,阻断与因特网的连接。

②局域网内部采用真实身份验证,非 BIM 工作组成员无法登录该局域网,进而无法访问网站数据。

③BIM 小组进行严格分工,数据存储按照分工和不同用户等级设定访问和修改权限。

④全部 BIM 数据进行加密,设置内部交流平台,对平台数据进行加密,防止信息外泄。

⑤BIM 工作组的计算机全部安装密码锁进行保护,BIM 工作组单独安排办公室,闲杂人员未经允许不能入内。

三、 BIM 应用的主要方面

1.生产管理

通过结合 Project 或梦龙项目管理软件编制而成的施工进度计划,可以直观地将 BIM 模型与施工进度计划关联起来,自动生成虚拟建造过程,通过对虚拟建造过程的分析,合理地调整施工进度,更好地控制现场的施工与生产。施工进度计划网络图如图 8.4 所示。

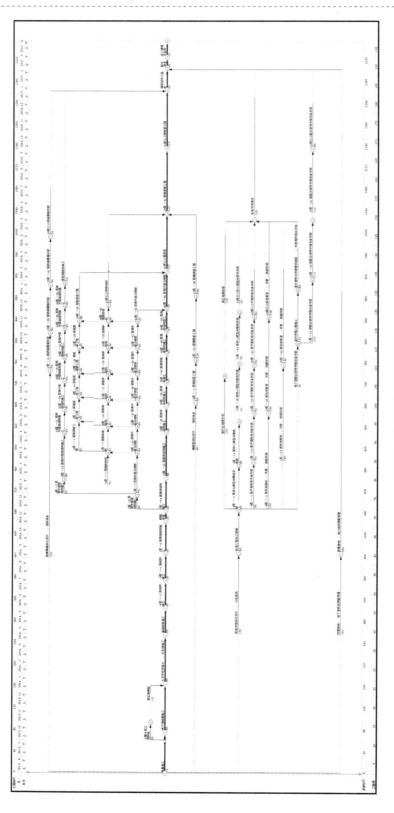

图8.4 施工进度计划网络图

2. 现场管理

通过 BIM 技术解决现场施工场地平面布置问题和现场场地划分问题,按施工图纸规划分出施工平面布置图(图 8.5、图 8.6),搭建各种临时设施;按安全文明施工方案的要求进行修整和装饰;临时用水、用电、道路按施工要求标准完成;为使现场使用合理,施工平面布置应有条理,尽量少占用施工用地,使平面布置紧凑合理,同时做到场容整齐清洁,道路畅通,符合防火安全及文明施工的要求。施工过程中避免多个工种在同一场地,同一区域进行施工而相互牵制、相互干扰。施工现场设专人负责管理,使各项材料、机具等按已审定的现场施工平面布置图的位置堆放。

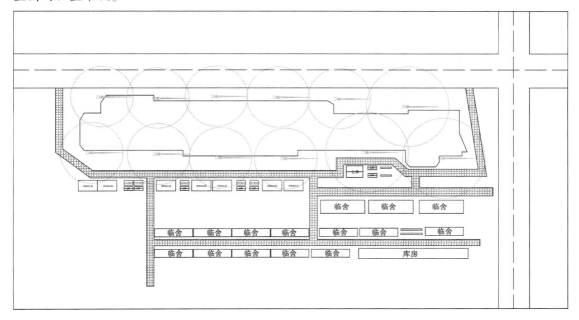

图 8.5　施工现场平面布置 CAD 图

图 8.6　施工现场平面布置 BIM 图

3. 物资材料管理

通过对现场施工进度的控制,依靠 BIM 信息模型实时准确地提取各个施工阶段的物资材料计划,施工企业在施工中的精细化管理比较难以实现,根本原因在于工程本身海量的工程数据,而 BIM 的出现可以让相关管理部门快速准确地获得工程基础数据,为施工企业制订精确的人、机、材计划提供有效支撑,大大减少资源、物流和仓储环节的浪费,为实现限额领料、消耗控制提供强有力的技术支持。

4. 移动终端管理

采用无线移动终端、WED 及 RFID 等技术,把预制、加工等工厂制造的构配件,从设计、采购、加工、运输、存储、安装、使用的全过程与 BIM 模型集成,实现数据库化、可视化管理(图 8.7),避免任何一个环节出现问题而给施工和进度质量带来影响。

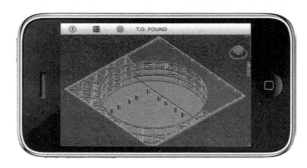

图 8.7　BIM 移动终端平台展示

5. 技术管理

(1)图纸会审

按照 2D 设计图纸,利用 Revit 等系列软件创建项目的结构、机电 BIM 模型,可对设计结果进行动态的可视化展示,使业主和施工方能直观地理解设计方案,检验设计的可施工性,并且可以直观地检查到图纸相互矛盾、无数据信息、数据错误等方面的图纸问题,在施工前能预先发现存在的问题,帮助图纸会审。

(2)深化设计

①BIM 模型可以协助完成机电安装部分的深化设计,包括综合布管图、综合布线图的深化。使用 BIM 模型技术改变传统的 CAD 叠图方式进行机电专业深化设计,应用软件功能解决水、暖、电、通风与空调系统等各专业间管线、设备的碰撞,优化设计方案,为设备及管线预留合理的安装及操作空间,减少占用使用空间,如图 8.8—图 8.10 所示。

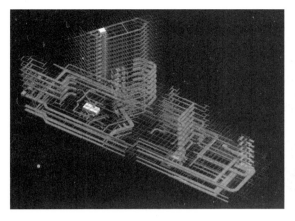

图 8.8　管线布置 BIM 模型

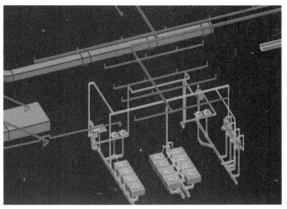

图 8.9　局部综合布管优化

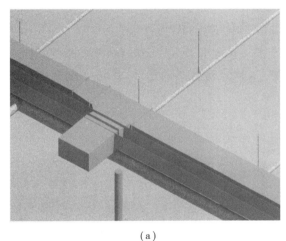

（a）

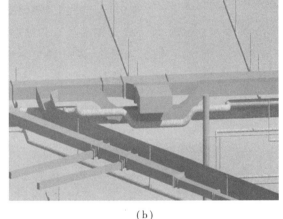

（b）

图 8.10　机电安装碰撞深化设计前后对比

②BIM 模型可以完成钢结构加工、制作图纸的深化设计。利用 Tekla Structures 真实模拟进行钢结构深化设计，通过软件自带功能将所有加工详图（包括布置图、构件图、零件图等）利用三视图原理进行投影、剖面生成深化图纸，图纸上的所有尺寸，包括杆件长度、断面尺寸、杆件相交角度均是在杆件模型上直接投影产生的，通过深化设计产生的加工数据清单，直接导入精密数控加工设备进行加工，即可保证构件加工的精密性及安装精度。

③复杂节点施工。BIM 模型可以进行土建结构部分的深化设计，包括预留洞口、预埋件位置及各复杂部位等的施工图纸深化。对关键复杂的劲性钢结构与钢筋的节点进行放样分析，解决钢筋绑扎、顺序问题，指导现场钢筋绑扎施工。角柱十字形钢及钢梁节点钢筋绑扎BIM 模型如图 8.11 所示。

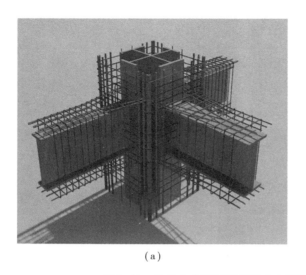
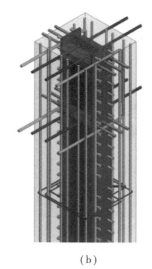

（a）　　　　　　　　　　　　　　　　（b）

图 8.11　角柱十字形钢及钢梁节点钢筋绑扎 BIM 模型

④专项施工方案。通过 BIM 技术指导编制专项施工方案，可以直观地对复杂工序进行分析，将复杂部位简单化、透明化，提前模拟方案编制后的现场施工状态，对现场可能存在的危险源、安全隐患、消防隐患等提前排查，对专项方案的施工工序进行合理排布，有利于方案的专项性和合理性。

塔吊基础开挖及 BIM 模型如图 8.12 所示。

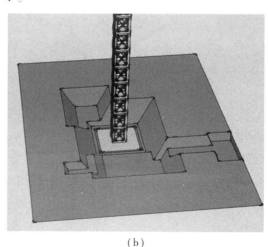

（a）　　　　　　　　　　　　　　　　（b）

图 8.12　塔吊基础开挖

6. 安全管理

（1）危险源识别及安全防护

利用 API 自主研发工具进行工程量及成本计算，为资源管理提供了数据依据；采用 BIM 模型结合有限元分析平台，进行力学计算；通过模型发现施工过程重大危险源并实现水平洞

口危险源自动识别,对危险源识别后通过辅助工具自动进行临边防护,对现场的安全管理工作给予了很大帮助。

利用BIM模型对危险源进行辨识后自动防护如图8.13所示。

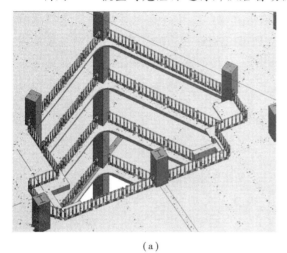
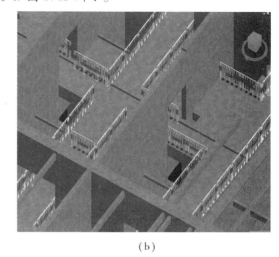

(a)　　　　　　　　　　　　　　　　　(b)

图8.13　利用BIM模型对危险源进行辨识后自动防护

(2)安全监测

使用自动化监测仪器进行基坑沉降观测,需通过将感应元件监测的基坑位移数据自动汇总到基于BIM开发的安全监测软件上,然后通过对数据的分析,结合现场实际测量的基坑坡顶水平位移和竖向位移变化数据进行对比,形成动态的监测管理,确保基坑在土方回填之前的安全稳定性。

利用BIM模型对危险源进行辨识后自动防护如图8.14所示。

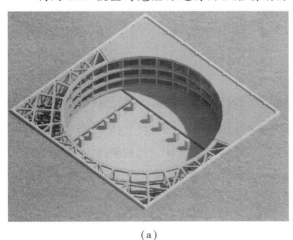

(a)　　　　　　　　　　　　　　　　　(b)

图8.14　利用BIM模型对危险源进行辨识后自动防护

7. 质量管理

使用自动化监测管理软件进行大体积混凝土温度的监测。将测温数据无线传输汇总到分析平台上,通过对各个测温点的分析,形成动态监测管理。电子传感器按照测温点布置要求,自动直接将温度变化情况输出到计算机,形成温度变化曲线图,随时可以远程动态监测基础大体积混凝土的温度变化,根据温度变化情况可随时加强养护措施,确保大体积混凝土的施工质量,并确保在本工程基础筏板混凝土浇筑后不出现因温度变化剧烈而引起的温度裂缝。

8. 商务管理

①利用 BIM 模型的自动构件统计功能,可以快速准确地统计出各类构件的数量,减少预算的工作量。同时可以及时评估设计变更造成材料数量变化而引起成本的变动。可以提前与甲方沟通或办理签证。

②从 BIM 模型中提取相应部位的理论工程量,用以指导实际材料物资的采购,从进度模型中提取现场实际的人工、材料、机械工程量,掌握成本消耗情况。将模型工程量、实际消耗量、合同工程量三量进行对比分析,掌握成本分布情况,进行动态成本管理。

③BIM 数据库的创建,通过建立 5D(3D 模型+时间+成本) 关联数据库,可以准确快速地计算工程量,提升施工预算的精度与效率。由于 BIM 数据库的数据粒度达到构件级,可以快速提供支撑项目各条线管理所需的数据信息,有效提升施工管理效率。BIM 技术能自动计算工程实物量,这个属于较传统的算量软件的功能,在国内应用案例较多。

四、BIM 应用的保障措施

①按照 BIM 组织架构表成立 BIM 执行小组,由组长全权负责 BIM 系统管理和维护。该小组在开工前就进驻现场,迅速投入系统的创建工作。

②成立 BIM 管理领导小组,由项目经理任组长,组员包括项目总工、BIM 工作组组长、各部门经理,定期沟通,保证能够及时、顺畅地解决问题。

③各职能部门要求设置专人和 BIM 小组对接,并根据需要提供现场信息。

④配备足够数量的高配置电脑设备,购置足够的 BIM 软件,满足软件操作和模型应用的要求。

模块小结

通过本章学习,了解基于 BIM 的施工现场管理内容,熟悉 BIM 技术在施工组织设计中的应用价值,能够了解 BIM 技术在市政工程领域的发展前景。

思考与拓展

1. BIM 技术在施工组织设计中的应用价值?
2. 基于 BIM 的施工现场管理的优势有哪些?
3. BIM 的在施工现场管理的流程有哪些?
4. BIM 应用过程中的保障措施有哪些?

实习实作

1. 课前,要求学生收集 BIM 技术在施工现场管理应用的案例。
2. 课中,学生针对收集到的 BIM 案例进行分享。
3. 课后,邀请行业内专家进行讲座介绍 BIM 技术在市政工程行业中的应用前景。

附录 施工组织设计案例

×××工程 DN600 给水管道抢险救灾工程

施工组织设计

编制：＿＿＿＿＿＿＿

审核：＿＿＿＿＿＿＿

批准：＿＿＿＿＿＿＿

×××××××公司

××××工程项目部

2020 年××月××日

目　录

第一章　编制依据

1. 建设单位提供的本工程设计施工图、地下管线图。

2. 工程施工合同,其他有关合同文件。

3. 工程现场实际踏勘的具体情况。

4. 国家、建设部现行施工技术标准、规范及验收标准,地方政府有关政策和法规。

《工程测量规范》	（GB 50026—2007）
《混凝土结构工程施工质量验收规范》	（GB 50204—2015）
《给水排水管道工程施工及验收规范》	（GB 50268—2008）
《现场设备、工业管道焊接工程施工及验收规范》	（GB 50683—2011）
《市政给水管道工程及附属设施》	（07MS101）
《钢制管件图集》	（02S403）
《柔性接口给水管道支墩》	（03SS505）
《给水管道阀井图集》	（05S502）
《施工现场临时用电安全技术规范》	（JGJ—2005）
《建筑施工起重吊装工程安全技术规范》	（JGJ 276—2012）
《自动化及仪表工程施工及验收规范》	（GB 50093—2002）
《支墩做法大样》	（图集 03S504）
《道路工程施工与质量验收规范》	（CJJ1—2017）
《安全文明施工标准》	（2017 年版）
《危险性较大的分部分项工程安全管理办法》	（建质[2009]87 号）
《重庆市建设领域限制、禁止使用落后技术的通知》	（2019 年版）
《城镇供水管网运行、维护及安全技术规程》	（CJJ 207—2013）

第二章　工程概况及特点

工程名称:××××工程 DN600 给水管道抢险救灾工程

工程工期:50 日历天

工程位置:××××大道

工程规模:DN600 管道约 2 600 m

主要工作内容:除管材(大部分为球墨铸铁管,少数钢管)、管件、阀门为甲供外,其余路面拆除、沟槽开挖、渣土外运、管道安装、沟槽回填、路基恢复(不含沥青路面恢复)等工作。

工程特点:占道施工,西江大道双向八车道设计,紧邻××绕城高速江津北/西彭出口,是德感、滨江新城等区域上绕城高速的必经之路,整个工程管道布置沿××大道慢车道,必须先占用一个车道设置临时围挡;渣土外运、管道吊装和沟槽回填时,还需要临时占用第二个车道,路段车流量大、车速快,交通警示安全疏导难度大。没有临时渣土堆场,沟槽土石方必须及时外运至 13.5 km 外的渣场弃倒,管道安装后再购买石粉进行回填,运输难度大、车辆多。

第三章　施工组织管理机构设置

一、项目组织机构

我司接到该工程项目后,根据本工程工期紧、交通组织压力大等特点,选派工作能力、组织协调能力强,有类似工程管理经验的同志担任项目经理、技术负责人以及施工、安全和质量管理等人员,并在人、财、物、机的管理上,赋予项目部更多的自主权。项目部作为公司临时派驻机构,对内向公司负责,对外向业主负责,代表公司履行质量控制、进度控制、成本控制、合同管理、信息管理、安全管理和组织协调的职责,做好现场控制管理工作。项目组织机构见附录表1。

附录表1　项目组织机构

序号	管理人员	姓名	执业资格/职称
1	项目经理	李××	一级建造师
2	项目副经理	宋××	二级建造师
3	技术负责人	赵×	高级工程师
4	安全员	冉××	安全 C 证
5	质检员	何×	质检员
6	土建施工员	王××	施工员
7	安装施工员	曾×	施工员
8	资料员	黄××	资料员
9	造价员	林×	造价师
10	材料员	于××	材料员
11	标准员	晏××	标准员

二、各部门、人员职责(详见部门、人员责任书)

第四章　工程目标管理

项目机构组建后,制订质量、工期、安全文明施工控制目标计划,全面指导工程项目建设的生产,确保管理目标的实现。

(一)质量目标:工程施工中,严格遵循我司质量第一的要求,对待工程中的每一个细节,严格把好材料关、细心做好过程控制、精心做好成品保护,杜绝质量事故,保证工程一次性验收合格;竣工文件真实可靠、规范齐全,实现一次交验合格。

(二)安全目标:严格执行施工安全生产责任制,加强安全生产教育,做好危险区域、危险工种的安全防护工作,做到无死亡、无重伤事故。

(三)文明施工管理目标:认真贯彻执行相关法规关于安全文明施工的规定,针对工程所处环境的具体特点,严格强化管理工作,建成文明施工标准化工地。

（四）工期目标：在保证质量、安全、文明施工的前提下，加大人员、机械、材料的投入，确保本工程在业主合同规定的 50 天时间内完成管道安装并通水。

（五）职业安全健康目标：职业健康安全管理以安全无事故为目标，以促进施工生产为目的，量化各项措施指标，加强劳动保护，对施工过程的安全管理进行有效的计划和控制，杜绝死亡事故，杜绝职工重伤事故，减少职业危害，预防职业病发生，杜绝我方责任造成的交通亡人事故，职工轻伤率控制在 5‰ 以内，无等级火灾事故，无重大塌方坠落事故。

（六）环境保护目标：坚持做到"少破坏、多保护，少扰动、多防护，少污染、多防治"。使环境保护监控项目与监控结果达到设计文件及有关规定。

（七）服务目标：重合同，守信誉，尊重业主，服从监理，积极配合业主、监理和设计单位的工作，接受业主，监理对工程质量、施工进度计划的监督。严格执行现行市政工程质量管理条例中有关工程质量保修的规定，以及根据与业主签订的合同，积极进行工程回访，让业主满意、放心。

第五章　施工平面布置

该工程为管道线形工程，管道长度约 2 600 m，因为该工程工期紧，按照 1 个施工段顺序流水施工不能满足工期要求。根据实际情况，将工程划分为 4 个施工段进行各自独立流水施工，每段长度根据实际情况分，最短 500 m，最长有 800 多 m，具体分段详附件一施工平面布置图。

在工程施工管线中间位置，利用业主提供的场地，设置现场临时项目部驻地，项目部设置主要有办公区域、住宿区域、厨房餐厅区域和卫生间晾衣区域，具体布置详附件二临时设施平面布置图。

第六章　施工准备

工程开工前，做好现场的技术准备、劳动力准备、物资准备、设备准备，现场临时围挡、临时设施的搭建工作，地下管线的调查及探坑开挖工作等。

一、技术准备

①配备齐全与本工程有关的施工规范、规程、验收标准、相关图集等。

②认真熟悉合同文件，在公司各部门合同交底的情况下，项目经理组织项目部人员认真阅读合同并领会合同精神。

③认真熟悉施工图纸和有关的技术资料，把施工图上的问题进行汇总并会审，在工程实施前，参加业主组织的设计交底会，把可能存在的各类问题解决在工程开工之前。

④依据业主提供的点位坐标、高程资料及设计图纸坐标、高程，会同业主、监理进行资料、现场检验核定、复测。

⑤对现场地貌进行测量，对地面既有结构物进行摸排和位置测定，向业主及监理提供测量成果。

⑥向业主索取现场地下管线资料，并组织人员进行地下线管网人工挖坑探测，保证管线

资料的准确性、完整性。

⑦编制施工组织设计,各类施工专项方案,项目部、公司内审后报监理、业主审查、审批,并在其审批后严格按施工组织设计和施工方案执行实施。

⑧组织安全、技术三级交底(项目部管理人员、专业施工队管理人员和作业层班组长、操作工人),使各级人员熟悉工程情况,了解设计意图,掌握规范及技术标准要求和施工方法,做到心中有数,确保工程安全、质量处于可控状态。

二、管理人员和劳动力准备

①本工程工期紧、任务重,为了顺利完成该项施工任务,我单位现场设立项目部,委派有经验的人任项目经理、技术负责人、施工员、安全员、材料员和资料员等职务,组成本项目管理机构。

②根据本工程的特点和施工进度计划的要求,确定各施工阶段的劳动力需用量计划,选择高素质的施工作业队伍进行相应工程的施工,施工作业队伍由项目部统一管理,具体施工人数将根据实际施工进度情况作相应调整。

③组织有特殊要求的作业人员,比如电工、焊工等,做到持证上岗、人证合一。

④进场前对全体施工人员进行入场教育,对重点工序、新工艺工法进行专业技术培训,召开动员会,做好准备工作。

三、物资设备准备

①物资准备工作必须在工程开工之前完成,根据各种物资的需要计划,分别落实材料来源、进场时间,满足连续施工的要求。

②根据施工预算进行分析,按照施工进度计划要求,按材料名称、规格、使用时间,材料储备定额和消耗定额进行汇总,编制出材料需要量计划,为组织备料、确定仓库、场地堆放所需的面积和组织运输等提供依据。各种原材料、半成品进场使用前必须经过质量检查合格并有出厂合格证。

③机具设备准备,根据采用的施工方案安排施工进度,确定施工机械的类型、数量和进场时间,确定施工机具的供应办法和进场后的存放地点和方式,编制施工机具需要计划,为确定占地面积等提供依据。

④施工仪器准备,主要设备仪器大部分为本单位自有,少量不足拟从社会租赁或购置。

⑤进行测量仪器的检定,检校专用仪器的配备,准备测量资料和表格。

四、施工现场准备

①施工现场周边搭设符合重庆市及当地主管部门要求的临时围挡,围挡固定牢固,靠现状交通一侧挂警示灯、设警示带,前后端出入口设透明围挡,并摆放水马、锥筒等使施工区和通行区分开。

②施工现场安排专职交通协管员、安全员,负责协助疏导指挥车辆,保证交通安全;安排文明施工员、配备清渣车及清洁员,保障现场整洁和路面整洁。

③现场测量准备,与建设单位办理交桩交点手续,共同进行桩点具体位置的确认,填制"施工测量控制点交桩记录表"作为施工测量放线的依据。建立定位依据的桩点与道路平面控制网、高程控制网及平面设计图之间的对应关系,进行核算。为保证施工测量的连续性和一致性,在施工现场设置足够数量的互相通视的坐标控制点及高程水准点。

④根据业主提供场地,设计、搭建临时设施,备齐办公、生活等相关物资物品,做好消防、保卫、排污环境等工作,具备现场办公、住宿的条件。

⑤布置好场内临电、临水线路走向。

第七章 施工工艺过程及控制要点

第一节 施工工艺过程

工程施工工艺过程大致如下:放线(双线)→路面切割→路面及水稳层破碎→沟槽开挖→基底清理整平→放管道中心线和边线→沟槽验收→管道、管件、阀门等安装→管井砌筑、支墩混凝土浇筑→管腔、管侧、管顶500 mm内回填→管道灌水试压→管道冲洗、消毒和水质检测→管道碰口接通(该工序可根据实际情况向后调整)→路基回填→水稳层浇筑→面层恢复。

第二节 主要工艺过程注意事项和控制要点

一、放线

①根据设计管道直径(该工程为600 mm),作业工作面(该工程为300 mm)和开挖深度(该工程为1 800 mm)、放坡(该工程约100 mm)等,计算需要切割的路面宽度(该工程为1 400 mm)。

②放线要直线、转弯分明,便于切割和弯头角度计算、数量统计。

③明确施工条件是否能满足设计实施要求,如果不能满足,则需要通过现场实际放线情况进行调整。比如有明显障碍物管道不能穿越等。

④通过放线,复核设计单位材料表,特别是弯头、三通等管件的规格、型号和数量等,如有不符合,立即进行完善和修正,避免材料采购或者加工错误。

二、路面切割

①根据放线,分两次进行沥青面层切割,第1次切割的深度一般为20~30 mm,主要起引缝作用;第2次切割的深度为60~70 mm,总深度达到沥青面层厚度的2/3左右,目的是在沥青面层破碎时,不影响开挖范围以外的沥青路面。

②切割时为了控制扬尘和保护切割设备,需要湿作业进行,边切割边淋水,这样将导致产生大量水泥浆污染地面,必须及时把泥浆进行冲洗、引流排放到指定排水位置,避免泥浆污染路面或泥浆水分蒸发后产生扬尘污染。

③机械切割噪声较大,一般不能在夜间和午休时间施工。

三、路面及水稳层破碎

①切割完成后,采用机械破碎沥青路面和水稳层基层。

②在破碎过程中,如果遇到异常坚硬或者空响之类的声音,应立即停止施工,并进行人工开挖,检查是否有地下管线图中没有的不明管线或物体;如果有,需按照管线保护方案进行保护后,再实施。

③机械破碎噪声较大,一般不能在夜间和午休时间施工。

四、沟槽开挖

①采用挖掘机开挖、自卸汽车运输方式进行除渣。

②开挖回填土基层,应先熟悉业主提供的地下管线图,并在施工现场进行实地踏勘,勘明地下管线位置、走向等。

③实施过程如遇异常情况,应立即停止施工,进行人工开挖探明情况后,再继续开挖。

④该工程沟槽回填为石粉碎石,沟槽开挖渣土不能作为填料,施工现场也不设置临时堆场,全部运输到符合规定和要求的渣场。

⑤施工搭设围挡占用了一个车行道,不具备自卸汽车直接开进去进行装载条件,因此必须临时占用一个车道,占用车道需要搭设围挡、设置警示灯和水马等。由于对交通影响较大,开挖出渣工作应在夜间或非上下班高峰时间进行,并且设置专人对交通进行疏导和指挥,另外对散落在围挡外的渣土,应立即进行清扫甚至冲洗。出渣完成的作业段,应及时拆除围挡、设置警示灯和水马等,恢复交通。

五、基底清理

①沟槽开挖到设计标高后,对基底进行承载力试验,需要满足设计要求。

②如不满足设计要求,或者有淤泥、腐殖土等,则需要按照设计要求进行换填,换填的范围,需要业主、设计、地勘、监理和施工五方现场确认。

③基底为岩石的,需要超挖 200 mm,并用石粉或中粗砂回填并夯实;基底为原状土或回填土的,需要人工进行整平并夯实。

六、沟槽验收

①沟槽基底整平夯实后,在沟槽底部放管道中心线和两侧边线,并测量两侧工作面是否满足要求,不满足要求部位,要增加开挖并达到设计要求。

②自检合格后,报业主、监理进行验收;业主监理验收合格后,监理单位组织城乡建委质监站和参建五方共同验收,并形成验收会议纪要。

七、管道、管件、阀门等安装

(一)球墨铸铁管道安装

①承插口方向原则上和水流方向一致,但在实施前,需设计业主现场确认承插口,避免出现错误。

②根据设计和规范要求的角度偏差为 2%,计算管径 DN600 mm 长度 6 000 mm 的实际偏差值约为 209 mm。

③检查管材表面有无斑疤、裂纹、锈蚀较多等缺陷;检查密封橡胶圈是否有损伤、损坏。

④套密封圈,将管道承口、密封胶圈清洁干净,把密封圈捏成"心"形或"8"字形,放入承口凹槽内,仔细检查胶圈安放位置是否正确,准确无误后用木槌沿管口内周围轻轻敲打,使胶圈完全安放在承口凹槽内,并紧贴承口凹槽内壁。

⑤吊管入槽,采用软质吊带套在球墨铸铁管道外面起吊入槽,吊车起吊,人工进行配合,慢提慢放,避免管道撞击沟壁;严禁使用钢丝绳捆绑或者使用挂钩直接挂在管道口进行吊装,以免造成管道外防腐损坏或者管道口裂口。

⑥管道连接,吊车将下一根管道吊入沟槽内就位,将手动葫芦用软质吊带固定在刚才入槽安装好的管道上,前端用两根软质吊带套在新入槽的管道上,两侧对称,后端挂在手动葫芦挂钩上。清洁管道插口、承口和橡胶密封圈,吊车吊稳管道,人工辅助保证2根管道中心线在同一直线,人工摇动葫芦缓慢地将插口拉入承口,观测插口标识线,插入深度为插口处的两条标志线,将铸铁管插到看不到第一条线,只看到第二条线的位置为止即可。人工进入管道内,检查承插口胶圈是否存在拉翻、受损等情况,如果没有,再进行下一根管道的安装。如此循环,将管道安装完毕。

(二)钢管安装

①检查管材表面有无斑疤、裂纹、严重锈蚀等缺陷,检查内外防腐层是否有损坏。

②吊管入槽,采用软质吊带套在钢管外面起吊入槽,吊车起吊,人工配合,慢提慢放,避免管道撞击沟壁;严禁使用钢丝绳捆绑或者使用挂钩直接挂在管道口进行吊装,以免造成管道外防腐损坏或者管道口裂口。

③位置固定,钢管入槽后,根据放线范围,进行临时固定。

④钢管连接,对口时应使钢管内壁平齐,如管口有变形不能对平齐,则需要打靶、尖锚使其对平齐。对平齐后,先点焊进行固定,环向设置点焊点4~5处,后按照设计要求内壁一遍、外壁两遍进行焊接,焊缝要求平整,不得有裂纹、积渣、气孔等现象。以此循环将钢管焊接完成。

⑤焊缝检测,在焊接完成后,刷防锈漆前,邀请业主委托的试验检测单位对焊缝质量进行探伤检测,监理工程师见证,检测合格后进入下一道工序施工。

⑥管道防腐。

a. 管道外防腐。用敲榔头等工具除掉管道表面的铁锈、焊接飞溅,然后用钢丝刷等工具除掉表面上的氧化皮、油垢和锈迹等。防锈底漆应在表面除锈后的8 h之内涂刷,涂刷均匀,不得漏刷漆,涂刷的间隔时间不得超过24 h。采用环氧沥青防腐层,涂料总厚度大于0.45 mm,玻纤布采用中碱粗格平纹玻璃布,3布2油,防腐层空鼓面积每平方米不得超过2处,每处不得大于10 cm。

b. 管道内壁。管道内壁先除锈,再采用环氧无毒防腐漆涂刷,环氧沥青等可能影响水质的涂料不得使用。

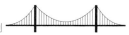

（三）管件、阀门安装

①钢管管道上安装阀门，只需要在阀门安装位置将钢管切割掉，焊接与阀门相匹配的法兰盘，再吊装阀门即可。

②球墨铸铁管道上安装阀门，需要预留出阀门安装位置，采用套筒连接转换成钢管后，再按照上述过程进行。

③安装前应对设备做启闭检查，对不合格的设备进行退换处理。

④按规范购买符合要求的法兰连接螺栓，两片法兰之间加 3～4 mm 厚的橡胶密封垫片，以十字对称法拧紧螺帽，螺帽外余 1～5 扣（一般为 2 扣），且螺帽位于法兰的同一侧。

⑤排气阀应安装在管道的最高点，排气口应垂直向上安装。

八、支墩混凝土浇筑

①管道安装好后，按照设计要求，在管道转弯处实施混凝土支墩，支墩纵向按照设计要求断面用模板拦断，横向原槽浇筑。

②支墩混凝土要达到 70%～80% 强度后才能进行管道试压。

九、管腔、管侧、管顶 500 mm 内回填

①按照设计要求，采用石粉碎石进行回填，分层回填夯实，每层厚度 300 mm，夯实时如果含水率太低，要进行洒水甚至冲水，再进行夯实，夯实完成后，再冲水夯实。

②管腔回填由于受到管道影响，不能直接采用常规打夯机夯实，需要根据实际情况，采用小型锤进行锤击夯实，实验室检测密实度达到设计或规范要求后，再进行下一层回填。

③管侧、管顶回填。按照要求进行分层回填夯实，管顶第一层适当减小夯实的夯击力度，避免损坏管道，回填到管顶 500 mm 后停止。

十、管道灌水试压

①管道除管井位置外，其余回填达到管顶 500 mm 后才能进行灌水试压。因为如果不回填到管顶 500 mm，在管道加压过程中，会造成管道变形甚至损坏带来安全隐患。

②分段进行试压。该工程分 4 段进行试压，在分段处采用蒙板进行焊接，并在蒙板外面做肋板加强。

③打开所有阀门，严禁关闭阀门试压甚至用阀门替代蒙板。

④灌水。从最低处开始灌水，打开所有排气阀门，排气阀出现水柱时关闭排气阀，排除所有的空气，管道满水不少于 48 h。

⑤压力试验。水压试验压力应符合《给水排水管道工程施工及验收规范》（GB 50268—2008）表 10.2.10 的规定：工作压力小于 0.5 MPa 时，试验压力为工作压力的 2 倍，工作压力大于 0.5 MPa，试验压力为工作压力加 0.5 MPa，本工程工作压力为 0.9 MPa，试验压力为 1.4 MPa。当升压过程中，当发现弹簧压力计表针摆动，不稳，且升压较慢时，应重新排气后再升压。

⑥水压试验过程中，管道两端严禁站人，严禁对管身、接口进行敲打或修补缺陷。

⑦电动试压泵加水达到规定的试验压力,检查接口、管身无破损及漏水现象,稳压保持 30 min,记录压力降低值,压降在规范允许范围内则管道强度试验合格。

十一、管道冲洗、消毒和水质检测

①在管道接口碰口前,需进行管道冲洗、消毒和水质检测工作。

②管道消毒,灌水入管道,同时在进水孔投入消毒剂,待水浸满管道后,进行浸管消毒。消毒完毕,打开全部泄水阀门,排清管内余水。

③保证排水管路畅通安全,以冲洗流速不小于 1.0 m/s 流速连续冲洗,直至出水口处浊度、色度与入水口处相同为止。

④管道采用含量不低于 20 mg/L 氯离子浓度的清洁水浸泡 24 h,再次冲洗,直至水质管理部门取样化验合格为止。

十二、管道碰口接通(该工序可根据实际情况向后调整)

①编制碰口专项施工方案,报业主、监理审查、批准。

②参加业主组织的停水方案讨论会。

③做好物资、人力、财力的准备,在停水后,配合业主开启泄水阀门,尽快时间把管道存水排空,开始接口作业,在业主规定的停水时间内,完成碰口接通工作。

十三、路基回填

①管道试压完成合格后才能进行路基回填。

②路基回填严格按照设计要求,采用石粉碎石分层夯实,每层回填检测密实度合格后,再进行下一层回填,直至原路基水稳层标高。

十四、水稳层浇筑

①沟槽开挖损坏道路水稳层,因沟槽内不能使用机械压实,设计水稳层采用 C25 混凝土水稳层,厚度同原路基水稳层厚度。

②混凝土施工缝采用分级放阶,分 2 级放阶,严禁留设通缝;在下一段混凝土浇筑前,将混凝土表面浮浆剔除、凿毛,并用水泥浆进行浸润处理。

③浇筑过程注意保护原有沥青路面,严禁污染。

④混凝土边入槽边振捣,振捣完成后进行表面收光抹平,终凝后进行养护。

⑤混凝土养护龄期到后,清洁场地,拆除围挡,将施工场地移交给业主和沥青路面施工单位。

十五、面层恢复

本工程沥青路面面层恢复由业主另行委托专业队伍实施。

第八章　进度控制及措施

一、编制工程进度计划

根据业主单位的要求,本工程为保障××德感、滨江新城片区高峰保供,列入了抢险救灾工程,工期要求十分紧张,必须在 6 月 30 日完成沟槽开挖、管道安装、试压、冲洗和消毒等工作,

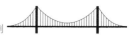

达到通水的条件。我司根据现场情况,计划将该工程划分为四个施工段独立实施,每段长度从根据施工难易程度为500~800 m,同步进行实施,缩短工期。施工进度计划详附件。

二、编制人力需求计划

①根据工程进度计划,按照每个施工分段进行人员配置计划,除主要管理人员可以兼任外,每个施工段均需配置1~2名专职负责现场管理人员,以便于工作紧张、有序开展。

②每个施工段按照施工工序进行作业人员配置,主要有普工、管道安装工和混凝土浇筑工等,所有民工均是我司原有项目使用过的信用好、技术良、责任心强的青壮年劳动力。劳动力计划表详见附录表2。

附录表2

序号	工种	人数
1	班组管理人员	8
2	普工	24
3	管道安装工人	12
4	焊工	8
5	挖机司机	8
6	机修工	2
7	水电工	2
8	试验工	2

三、编制物资设备需求、采购计划

①该工程主要管材、密封圈、管件和阀门等主要材料为甲供,因为甲供材需要甲方协调供货单位,严格按照甲方规定的时间,做好提前量,保证施工现场不因材料不能及时到货而影响工程进度。

②梳理物资设备清单,如果使用时间短,自购成本高的设备,首先考虑租赁,比如挖掘机、自卸汽车、中型发电机和临时围挡等,常规物资自行采购,比如切割机、振动棒、小型发电机、配电箱和配电柜等。

③做好商品混凝土、石粉、河沙、碎石、水泥、模板和钢筋等采购的准备工作,并按照要求向监理、业主报验,根据相关要求进行抽样复检,合格后才能用于工程。

主要物资材料计划见附录表3。

附录表3

序号	物资材料名称	单位	数量	采购方式
1	挖掘机	台	8	租赁
2	自卸汽车	辆	16	租赁
3	中型发电机	台	2	租赁
4	临时围挡	m	3 000	租赁

续表

序号	物资材料名称	单位	数量	采购方式
5	切割机	台	4	自购
6	小型发电机	台	4	自有
7	振动棒	根	4	自有
8	配电箱	个	16	自有
9	球墨铸铁管道	m	2 400	甲供
10	钢管	m	400	甲供
11	阀门	个	5	甲供
12	法兰	片	10	甲供
13	商品混凝土	m³	1 800	自购
14	石粉	m³	2 000	自购
15	钢筋	t	3	自购
16	模板	m²	100	自购
17	水泥	t	5	自购
18	混凝土砌块	m³	10	自购
19	焊机	台	8	自有

四、进度、人力、物资设备计划保障措施

（一）技术措施

①首先必须组织工程技术人员和作业班长熟悉施工图纸，优化施工方案，制订施工工艺及技术保障措施，提前做好施工技术准备工作。

②施工方案在发生问题时，及时与设计、甲方、监理沟通，根据现场实际情况，寻求妥善处理方法，遇事不拖，及时解决，加快施工进度。

③建立准确可靠的现场质量监督网络，加强质检控制，保证施工质量，做好成品保护措施，减少不必要的返工、返修，以质量保工期，加快施工进度。

④施工班组人员多，每道工序施工前必须做技术质量交底，制订详细而实施性强的工作流程以保证各工序顺畅衔接，减少窝工，提高工效。

⑤按照进度计划要求控制工期目标，定期召开协调会议，对施工进度中遇到和发现的问题及时研究协调。

（二）经济措施

①提前落实实现进度目标的保证资金，根据施工实际情况编制月进度报表，工程款做到专款专用，从资金上保证工作能够顺利进行。

②签订并实施关于工期和进度的经济承包、奖惩责任制，包括公司、项目部与管理人员及班组，乃至作业班组与工人个人之间的责任状。

③特殊时期还需要考虑人工紧张劳动力增加费、机械租赁费等资金储备。

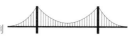

（三）组织措施

①项目部直接管理作业队，设立项目作业队管理班子，负责作业队的施工组织管理工作，并接受项目经理部的领导。

②对本工程实施项目经理负责制，对工程行使计划、组织、指挥、协调、实施、监督六项基本职能，选择能打硬仗的，并有过同类施工经验的管理人员承担本工程项目的施工管理任务。

③根据业主的使用要求及各工序施工周期，科学合理地组织施工，在时间上、空间上充分利用而紧凑搭接，从而缩短工程的施工工期。

④创造良好的工作环境，提高施工管理人员和现场操作人员的积极性，利用责、权、利相结合的班组目标责任承包制，使目标管理与工人的利益相结合。

（四）合同措施

①以合同形式保证工期进度的实现。

②设备物资采购合同保持总进度控制目标与合同总工期相一致。

③以上各种合同一经签订，即具有法律效力，若有违反追究违约责任。

第九章　成本控制及措施

（一）管理成本，层层签订目标责任书，做到职责明确、奖罚分明，管理人员各司其职，各尽其用，在最短的时间内，完成任务，兑现目标。

（二）材料成本，公司经营部通过招标、比选等方式采购量大、价高的材料，做到价低物美，节约成本，如本工程所使用的混凝土、石粉等。

（三）劳务成本，公司经营部通过招标、比选等方式确定各施工段的劳务班组，同服务好、价格低的班组签订合同，节约成本。

第十章　安全文明施工

一、安全施工目标

严格执行施工安全生产责任制，加强安全生产教育，做好危险区域、危险工种的安全防护工作，做到无死亡、无重伤事故。

二、安全管理体系

建立健全安全生产管理体系，成立以项目经理为组长、项目副经理和技术负责人任副组长、各管理人员为组员的安全文明施工管理小组。管理小组负责日常安全管理工作，安全是每个人员的责任，必须人人参与，人人监督，人人有责。形成纵向到底、横向到边的安全责任网络，对安全生产进行全过程控制和监督。

三、安全交底和教育

采用三级安全交底制度，交底用文字资料，内容全面、具体、针对性强。交底人、接受人均在交底资料上签字，并注明日期。

新进场的作业人员必须进行"三级安全教育"，所有管理人员及操作工人在上岗前必须进行安全教育，安全教育贯彻整个工程施工的全过程。

四、安全检查

项目部定期进行安全检查,平时作不定期检查,每次检查都要有记录,对查出的事故隐患要限期整改。对未按要求整改的要给班组或当事人以经济处罚。

五、事故处理

发生安全事故,坚持按照"四不放过原则"进行处理,即事故原因不查清不放过,事故责任者得不到处理不放过,整改措施不落实不放过,责任人未受到教育不放过。

六、文明施工

①建立完善的文明施工管理制度,落实管理责任制,定期考核评分,考核分数挂牌,与奖金挂钩。

②在施工现场主要出入口,设置"七牌二图",内容完善。

③场地内各种材料按布置图堆放,标志清晰,不得随意堆放。

④严格遵守社会公德、职业道德和职业纪律。妥善处理现场与周围的关系,争取有关单位和邻近群众的谅解和支持,尽量做到施工不扰民。

⑤施工现场工作人员遵守国家法律法规,工地内做到治安秩序良好,无刑事案件发生。

⑥在容易产生扬尘的路面切割、破碎、土方外运等阶段,加强现场洒水冲洗,控制好扬尘。

⑦施工临时围挡、临时办公宿舍区域,设置宣传标语、施工目标、安全、文明等口号。

⑧进入施工现场,必须规范佩戴安全帽,专职安全人员按照要求配置专用安全帽、安全背心和红色袖套。

七、交通组织

①交通疏导工作,是本工程施工管理过程中必须高度重视和落实解决的一项工作。工程施工期间,我司计划成立专门交通疏解小组(设组长1名,成员4名),制订科学合理的交通疏解方案和应急措施,建立交通疏解管理制度,实行专人负责制,明确工作重点和每日的工作要点,并派管理成员到交警队进行交通规则和疏导技巧培训,协助交警进行交通疏解工作。

②根据当地交警部门要求,现场设置规范的施工预告牌、交通导向指示牌、减速指示牌、闪爆灯、反光条、水马、锥筒等。

③合理安排施工期间施工工序与时间,交通高峰期必须控制施工强度,减少对交通的影响,尽量利用车流量较少的夜间实施土石方出渣和石粉沟槽回填工作。

④加强与当地居委会、沿线单位的沟通与联系,听取他们的意见,取得他们的支持。

八、地下管线保护

1. 地下管网资料的收集

项目部组织相关施工技术人员,根据业主提交的地下管线资料,配合业主、监理全面调查管道沿线及其周边的地下管网的分布情况,以及管线的类型、规格、埋置深度和走向,并向权属部门调取地下管线资料,切实掌握地下管网信息。

2.加强地下管线的检查

派调查小组对管线进行详细的调查,详细记录地下管线情况,对有疑问的管线,重点探挖,确保管线不受到施工影响。

3.制订有效的管线保护方案

严格按照国家相关的法律法规制订地下管线保护方案以及应急措施,以免在施工过程中因周围情况的变化而出现事故。

4.开挖时的保护措施

找到原管线的位置及实际情况后,在管道位置的上方进行画线标注,并立标识牌,标明下方管道的种类及材质、标高。在已知有地下管线的部位进行开挖时,在管线标高之上500 mm用机械挖土,离管线标高500 mm之内采用人工开挖方式。管线两侧内必须人工开挖,现场施工负责人负责指挥挖掘机械,不得在管线1 m范围进行机械开挖。

5.施工完成后的恢复

原则上按照原状进行恢复,如果管道权属部门有其他要求,经参建设计、业主和监理单位同意后,按照权属部门要求进行恢复和移交。

第十一章　环境保护

一、建立环境保护施工管理体系

成立以项目经理为施工管理第一责任者的环保管理体系,安全员直接负责现场的文明施工。成立环境保护小组,项目经理任组长,技术负责人任副组长,其他现场管理人员为组员,设专人负责环保工作。确保施工对环境的影响最小,并最大限度地达到施工环境的美化,实现施工与环境的和谐,从而达到环境管理标准的要求。

二、环境目标及总体实施方案

①影响环境因素分析,该工程项目主要环境污染因素有噪声、扬尘、光、废水和固体废弃物。

②根据因素分析,找到各因素的环境影响指标,如果有白天和晚上不一致的,要清理出来,比如噪声、光污染等。

③根据因素分析和指标,制订环境保护目标,能量化的必须量化,比如噪声等。

④根据目标,制订实施方案,落实责任人员并实施和控制。

三、环境保护管理措施

①遵照《中华人民共和国环境保护法》和本工程环境要求,严格组织施工和管理,保护周围环境。

②成立以项目经理为责任人的文明施工领导小组。

③实行环保责任制,项目经理是环保工作的第一责任人,各工段、工序设环保负责人。

④进行环保教育,使工人认识环保的重要性。

⑤控制施工音量,尤其在夜间不大声喧哗。凡施工噪声大的工序,比如切割、破碎等不能

在夜间作业,做到施工不扰民。夜间施工不得超过 22 点,因施工工艺或其他特殊原因必须进行夜间施工时,须采取有效降噪措施,报经有关主管部门批准同意后实施。

⑥运送粉尘材料等要采取遮盖措施,防止沿途遗洒、扬尘。装卸时也要采取措施防止扬尘。

⑦施工现场运送各种材料、预拌混凝土、垃圾、渣土等应有覆盖和防护措施,保证行驶途中不污染道路和环境。出渣车辆按规定办理准运证,按规定线路运输到指定渣场弃放。

⑧工地出入口必须设置排水沟,集中清淤,无积水,污水不得外溢场内、场外。

⑨施工运输车辆开出施工场地前要冲洗车轮,避免带泥入公路。施工期间保持工地清洁,经常洒水以控制扬尘。

⑩对施工场地裸露的泥土,必须进行覆盖,并及时清运出场。

⑪及时处理施工及生活中产生的废弃物,运至指定地点弃置,应注意避免造成环境污染。

⑫不乱排放施工废水、污水,施工及生活中产生的污水或废水,均按要求进行处理后再引至管道中。

⑬遵守园林绿化和文物保护的有关规定,不得随意砍伐树木、毁坏绿地。

第十二章　季节性施工

一、雨期施工

(一)组织管理措施

①项目经理部成立防汛领导小组,加强组织领导,明确责任,落实到人;有针对性地进行抗洪防汛安全教育,提高广大职工的抗洪防汛意识和警觉性;并设专人负责与当地气象局联系,收集气象信息,及时向各作业班组发布信息。

②在雨期、汛期、暴雨到来之前,开展抗洪防汛大检查,重点检查抗洪防汛方案是否可行,排水、防水设施是否齐备等,并认真执行雨期、雨后两检查制度。

③坚持值班制度,遇有险情及时组织力量抢修,并及时与当地政府取得联系。

(二)雨期施工措施

①施工场地抽、排水系统应完善,保证不积水。

②防汛器材、防雨材料、防护用品、抽排水设备充足,配备发电机确保供电。

③机电设备的电闸箱要采取防雨、防潮等措施,并应安装接地保护装置。

④对现场临时设施,如工人宿舍、办公室、食堂等应进行全面检查,对危险物应进行修加固或拆除。

⑤做好已开挖沟槽的观测工作,防止沟槽边坡失稳坍塌现象的出现,必要时增设支撑,并加强对支撑的检查。

⑥沟槽开挖好后,尽快组织沟槽验收、管道安装和回填工作。

⑦管道已经连续安装,但是进行分段回填的部位,要做好预案防止沟槽积水导致管道上浮,造成管道变形甚至破坏。

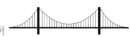

⑧浇筑混凝土中,如遇下雨,若中断浇筑对构件影响不大时,立即停止浇筑,用料布盖好已浇筑好的部位;不能中断的,采取挡雨措施,保护材料、运输设备和浇筑仓面,使其不受下雨的影响,已入仓的混凝土立即振动密实。

二、高温施工

本次施工,虽然没有到7、8月份每年的最高温时候,但是根据当地往年气温情况,5、6月也已经进入夏季高温季节,是疾病和安全事故多发期。

(一)组织管理措施

①为了保证本工程一线作业人员的身心健康,项目部根据高温施工的特点,结合实际,成立了高温防暑领导小组,项目经理任组长,项目副经理、技术负责人任副组长,其余管理人员任组员。

②组织编制有针对性的高温季节施工方案,合理安排工作时间,避开中午高温时段施工,防止作业人员中暑。

③购买并发放感冒药、消炎药、创可贴等常用治疗药品及人丹、十滴水、风油精、清凉油、绿豆等防暑降温产品。

(二)高温施工安全措施

①广泛宣传中暑的防治意识,使职工掌握防暑降温的基本常识。

②根据现场线形作业条件,在靠人行道一侧大树树荫下增设遮阴设施,并配备电风扇降温,备好十滴水、藿香正气液等防暑降温药品供使用。

③保证食堂清洁卫生,保证食品安全不过期、变质。

④办公、宿舍区域安装空调,保证午间、夜间的有效休息。

⑤切割用氧气、乙炔等易爆、易燃物品,应妥善保管并遮阴,严禁堆放、摆放在明火附近作业。

(三)中暑患者紧急处理方法

①轻度患者。现场作业人员出现头昏、乏力、目眩情况时,作业人员应立即停止作业,其他周边作业人员应将有症状人员帮扶到临时遮阴休息处,并服用十滴水、藿香正气液等,用湿毛巾擦拭身体,并通知项目部管理人员进行观察、诊治。

②严重患者(昏倒、休克、身体严重缺水等)。当作业现场出现中暑人员时,应第一时间拨打120或转移到最近的医院进行观察和治疗。

③每天的最高气温时间段(10:00—15:00)停止施工作业。

④当室外气温高于38 ℃时,项目部应对各班组进行施工降温专项安全交底,令各班组停止现场施工作业。

第十三章　合同信息管理

一、合同信息管理内容

合同实施期间,采用计算机进行施工信息的管理,进行包括进度、质量、安全、资源、合同、合同结算、文档等管理,以达到科学管理,提高工程施工管理水平的目的。项目经理部内设专人负责施工合同信息收集、录入、整理、上报、存档等。

二、合同信息管理措施

1. 施工进度计划管理

采用工程管理软件进行施工进度计划动态管理,形成日、周进度计划,动态反映施工进度实际情况、工程形象面貌、资源配置情况,指导项目经理部调整进度计划、资源配置和修改施工措施,确保施工进度计划目标的顺利实现。

2. 进度报告管理

项目经理部将施工信息收集、录入、整理,传送给项目经理、项目副经理、技术负责人等负责人员审核、签批后,按要求。按时将信息上报业主和监理单位。

3. 施工质量报告管理

按监理人的要求按时将有关施工质量报告上报业主,内容包括日、周施工质量记录报告;当前施工质量问题、缺陷和处理措施、处理结果情况报告;材料检验情况与结果;其他施工质量统计资料。

4. 施工安全报告管理

根据业主的要求和规定,按时将关于安全培训、安全检查、安全措施、安全会议及安全事故等安全管理报告上报业主。

5. 合同管理

按照公司内部管理要求,及时收集、整理工程材料、设备、劳务等合同的实施和完善情况,进行整理汇总,按照规定报项目部负责人和公司相关职能部门。按照监理人要求将合同价格(包括工程量清单、单价分析表和其他辅助资料)、合同变更、补偿、奖励、价差以及结算报表等。

6. 文档管理

根据城建档案馆相关规定,按照监理人和业主的有关档案管理要求,及时做好合同文件的收集、整理和归档。

第十四章　档案资料管理

工程档案资料是工程施工的一个重要部分,工程优良,档案资料必须优良,为保证和落实档案资料的收集、整理工作,采取以下措施。

①按照我公司《档案管理标准》和××市城建档案馆《工程档案管理办法》,工程档案资料的填报实行谁负责施工,谁负责编制的原则。

②工程技术内业负责工程档案的收集、整理、立卷、归档工作,内业人员必须具备档案员

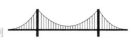

上岗证。

③工程档案的管理与工程相适应并实行全过程管理。在技术交底时,要具体交代工程在不同阶段需填报的工程技术资料,实行跟踪管理,保证工程档案资料的及时、完整、正确。

④项目部建立信息收集、处理中心,由专人负责联系业主、监理单位和设计单位,保证业主和监理单位的指示、指令能够有畅通的渠道,能在第一时间内送达,同时也能及时反映工程中出现的异常情况。

⑤工程资料包括竣工图纸全部可以采用计算机打印方式出稿,保证整洁、美观。

⑥现场注意声像、影像方面的原始资料的收集,为工程的竣工和决算创造条件,必要时,可以用软盘或刻制成光盘等软件形式。

第十五章 验收、移交和回访

一、工程交验

工程交验是指从合同要求的工程项目已全部完成并通过了竣工验收,业主在验收证书上签字为准。期间工作内容有递交竣工报告、整理资料、竣工验收、整改、通过验收、交接并签订质量保修书。

二、服务回访

建立工程回访制度,除业主投诉外,公司工程管理中心组织相关工程项目的定期回访,听取业主的情况反映,查看工程质量状况,填写"用户回访记录"。根据业主投诉或回访报告,工程填写"服务通知单",组织具有良好的思想素质及职业技能的服务人员及时上门服务,最大限度地满足业主的需要。

附件1 施工段划分布置图

附件2 临时设施布置图

附件3 总进度计划表

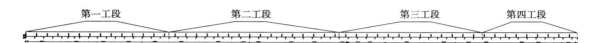

附件 1 施工段划分布置图

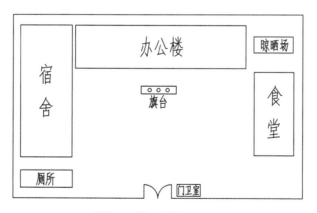

附件 2 临时设施布置图

× × × 工程给水管道抢险救灾工程进度计划横道图

序号	工作部位		工作内容	持续时间	时间（d）																					备注
					2	4	6	8	10	12	14	16	18	20	22	24	26	28	30	32	34	36	38	40	42	44	46	48	50	
1	一工段		挡板搭设、道路混凝土凿打、沟槽开挖、外运出渣	20																										
			管道、管件、阀门安装	24																										
			管腔、管侧、管顶500 mm以内回填	22																										
			试压、冲洗消毒及碰口	8																										
			路基回填、水稳层浇筑、验收和移交	10																										
2	二工段		挡板搭设、道路混凝土凿打、沟槽开挖、外运出渣	20																										
			管道、管件、阀门安装	24																										
			管腔、管侧、管顶500 mm以内回填	22																										
			试压、冲洗消毒及碰口	8																										
			路基回填、水稳层浇筑、验收和移交	10																										
3	三工段		挡板搭设、道路混凝土凿打、沟槽开挖、外运出渣	20																										
			管道、管件、阀门安装	24																										
			管腔、管侧、管顶500 mm以内回填	22																										
			试压、冲洗消毒及碰口	8																										
			路基回填、水稳层浇筑、验收和移交	10																										
4	四工段		挡板搭设、道路混凝土凿打、沟槽开挖、外运出渣	20																										
			管道、管件、阀门安装	24																										
			管腔、管侧、管顶500 mm以内回填	22																										
			试压、冲洗消毒及碰口	8																										
			路基回填、水稳层浇筑、验收和移交	10																										

附件3　总进度计划表

参考文献

［1］黄春蕾.建设工程项目管理［M］.北京：中国建筑工业出版社，2020.

［2］蔡雪峰.建筑工程施工组织［M］.3 版.武汉：武汉理工大学出版社，2008.

［3］项建国.建筑工程项目管理［M］.2 版.北京：中国建筑工业出版社，2008.

［4］全国一级建造师执业资格考试用书编写委员会.建设工程项目管理［M］.北京：中国建筑工业出版社，2021.

［5］中国建设监理协会.建设工程进度控制［M］.北京：中国建筑工业出版社，2017.

［6］冀彩云.建筑工程项目管理［M］.2 版.北京：高等教育出版社，2019.

［7］林文剑.市政工程施工项目管理［M］.2 版.北京：中国建筑工业出版社，2012.